陈根　著

虚拟现实
科技新浪潮

Virtual
Reality

New Wave of
Science
and
Technology

化学工业出版社
·北京·

虚拟现实技术为用户建立了一个广阔且随心所欲的空间，任其沉浸其中，自由翱翔。随着计算机技术、电子技术、传感技术、通信技术以及人体工学设计等的进展，虚拟现实技术日趋成熟，在2016年出现了一批经典产品，带给了整个行业一个无限想象的空间。我们相信，未来虚拟现实技术将以前所未有的速度发展，拥有超越任何一个行业的用户群体，甚至完全改变人类的生活和生存状态。

在虚拟现实技术方兴未艾之际，本书详细介绍了虚拟现实技术的进展与应用，并对其中的机遇做了大胆的预测，期望能够引导读者投入到这个巨大的产业之中，享受前所未有的智能化体验。

本书适宜从事电子、计算机、游戏、电影、信息以及智能生活相关的读者参考。

图书在版编目（CIP）数据

虚拟现实：科技新浪潮/陈根著．—北京：化学工业出版社，2017.2

ISBN 978-7-122-28880-6

Ⅰ．①虚…　Ⅱ．①陈…　Ⅲ．①虚拟现实　Ⅳ．①TP391.98

中国版本图书馆CIP数据核字（2017）第008655号

责任编辑：邢　涛　　　　　　　　　　　　装帧设计：王晓宇
责任校对：边　涛

出版发行：化学工业出版社（北京市东城区青年湖南街13号　邮政编码100011）
印　　装：大厂聚鑫印刷有限责任公司
710mm×1000mm　1/16　印张9　字数99千字　2017年3月北京第1版第1次印刷

购书咨询：010-64518888（传真：010-64519686）　　售后服务：010-64518899
网　　址：http://www.cip.com.cn
凡购买本书，如有缺损质量问题，本社销售中心负责调换。

定　　价：49.00元

前言

人类最终能走多远？

基于今天的科技水平和对宇宙的了解，科幻巨作《三体》，已经给出了令人惊讶的答案。

最为脑洞大开的光速锁定、神奇的空间降维武器二向箔、遥远的智慧生物歌者……这些远远超越人类想象的宇宙终极力量，似乎还离地球人类的日常生活。但是，很多人们以为存在于科幻之中的未来科技，其实，早就有伟大的先驱踏上探索和研究的漫漫征途。

核聚变，这个号称无尽能源的高能物理技术，美国、中国、德国和法国等国家，一直在坚持不懈地进行实验室探索和研发，更有多个初级原理等级的雏形装置，能够实现短暂的高温等离子体点火。

宇宙战舰，在人类已经熟练掌握在外太空建造和运行空间站的基础上，组建一艘太空战舰，似乎也并不是没有可能。也许在不久的某个未来，在解决了能源动力的永续供应也就是可控核聚变技术之后，庞大的宇宙战舰能够应用小型核聚变反应堆，从而开启漫长的宇宙旅途。

而生物科技，在数百年科学家穷尽极致的探索之下，对生命的研究，也已经到了DNA层面。也许在不久的将来，破解生命的奥妙，就能成为现实。

回溯辉煌的过去两百年，科幻正在逐步变为现实。小型无人飞行器已经走出实验室阶段，而无人机早已走入无数普通用户家庭；复杂而庞大的计算机网络贯通全球，并成为人类生产、生活的运行基础；超级城市LED屏幕之所以没有做到铺天盖地，只是因为信息需求的短缺，而不是因为技术和成本；个人手持信息终端，能够实时传递图像、视频，并且实时互动通讯的智能设备，难道说的不就是智能手机吗？

依然有一个领域，人类刚刚开始踏入启程之路——对图像视频的数据化处理、全息数据处理、虚拟空间的实现。

几千年来，人类文明最先能够革新换代的，一直是围绕我们的衣食住行。从马车到汽车再到飞机，从文字到电话再到手机，这些伟大的科技成果，改变了人类的基本生存方式。但唯有在眼睛所见所得方面，几乎没有突破。

无论是报纸、电视、电影还是手机屏幕，人类所见到的只是真实的三维画面和虚拟的二维数字页面。从来没有人类所构建的虚拟三维空间，更没有梦寐以求的全息数据产品。

悲观地说，我们尚未改变人类获取外界信息的方式。

虚拟现实，或虚拟实境（Virtual Reality，VR）的诞生，成为人类在信息获取方面的首次改变。

VR技术，是指利用电脑模拟产生一个三维空间的虚拟世界，提供使用者关于视觉、听觉、触觉等感官的模拟，让使用者如同身临其境一般，可以及时、没有限制地观察三维空间内的事物。它的工具属性将极大地解放人类想象力和创造力，甚至开拓一个新的维度，改变工作方式，改变科研人员、设计人员和一线生产施工人员之间的协作方式，提高学习效率和生产效率。

未来虚拟世界，会与扩大现实、替代现实、虚拟现实等诸多方面结合起来，将成为一种大众生活中的主要应用，与真实世界大量融合。人们可以随时随地，通过计算机或手机访问虚拟世界，在其中娱乐、工作、学习。

三维虚拟世界，将很快超越游戏和社会网络，融入人类社会的各个方面，成为生活、娱乐、教育、商业、政治、社交、医疗等每个领域的主要媒介，为企业提供巨大的商业价值，更将促进虚拟世界大步向前迈进。

而如今，增强现实技术（Augmented Reality，AR），这种实时性地融入现实三维空间的半虚拟视频技术，也已经成功获得大量应用。把虚拟世界套在现实世界并进行互动，想想就是令人兴奋的未来景象。不仅能够实现真实世界和虚拟世界的信息集成，更能实现实时的交互性，完美的在三维尺度空间中增添虚拟物体，不仅在与VR技术相类似的应用领域如尖端武器、航空航天、模式可视化、虚拟生存、娱乐与艺术等领域具有广泛的应用，而且由于其现实增强的特点，在医疗、精密仪器、工程设计等方面，具有更加明显的优势。

虚拟现实的未来前景，是多么令人激动！就像第一台蒸汽机、第一辆汽车、第一架飞机那样，一个全新的改变人类生存方式的科学领域，终于在强大的计算机技术和视频技术的基础上，掀开了神秘的面纱。

面对这个伟大的产业，以及无数的产业机会，你抑制住兴奋的心情，准备好去拥抱了吗？

陈　根

2017年1月

目录

第1章　虚拟现实是什么？　　　　001

第2章　变革与颠覆　　　　015

第3章　虚拟现实的技术历程　　　　035

第4章　虚拟现实的技术应用　　　　053

第5章　商业模式　　　　071

第6章　投资机会　　　　091

第7章　淘金之路　　　　107

第8章　未来发展趋势与瓶颈　　　　125

第 **1** 章

虚拟现实是什么？

　　伴随着《阿凡达》款款走来的，是人类对信息环境的主载。自从人类处理信息的方式进入数字化以来，计算机的快速发展，已经彻底改变了整个信息载体和传输模式。与此同时，人类孜孜不倦地致力于建立一个三维的、视频、声音甚至虚拟交互等多种信息形式的立体信息空间，以便实现在立体空间的真实信息交流。虚拟现实，在人类内心渴望的推动下，经过几千年的文明发展和科技积累，终于到了成熟并全面突破的时刻。

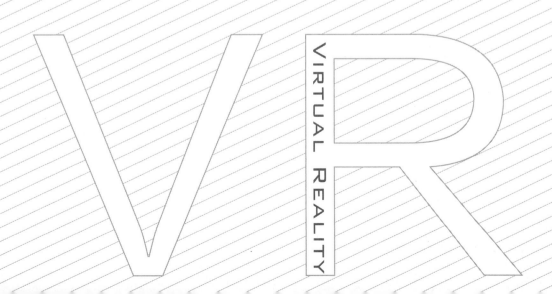

虚拟现实产业链

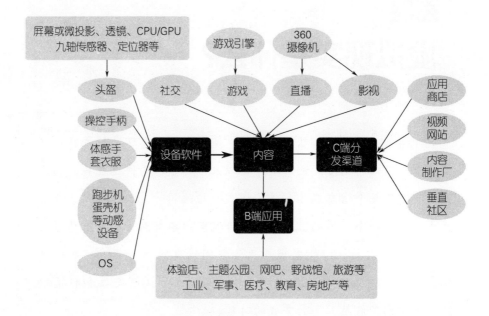

　　自从人类处理信息的方式进入数字化以来，计算机的快速发展，彻底改变了整个信息载体和传输模式。但仔细分析从原始图画、到文字再到移动互联网的多媒体音视频，绝大多数的信息表现形式，依然是平面的、二维的。

　　但是实际看来，人类又是一个立体的三维生物，这个客观世界的一切也都是三维的。人类能够依靠自己的感知，全方位的获取信息，在三维化的真实空间中学习与交流。

　　人类的真实的三维的认识能力，和现在二维的平面的信息展现，是存在很大的矛盾的。人类被排斥在计算机为主体的信息处理环境之外，而且较难以直接理解信息处理工具的处理结果，更难以把人类的感知能力和认知经验，与计算机信息处理环境直接联系起来。

而在移动互联网全面改变人类生活的时代，人们迫切需要改变现有的数字信息二维化的局限，突破现有的只能处理单纯数字信息的限制，建立一个三维的，视频、声音甚至虚拟交互等多种信息形式的立体信息空间。

这其实一直是人类的科技幻想之一。如果没有内心的渴望，人类也不可能创造和发明出电话和电视等现代工具。

因此，虚拟现实一直是人类追寻的目标。而经过几千年的文明发展和科技积累，可以说，现在已经到了成熟并全面突破的时刻。

在科学的定义上，虚拟现实，是由高性能计算机生成的，通过视、听、触觉等信息传播手段作用于用户，使之产生身临其境感觉的一种交互式信息仿真。通过虚拟现实，人类不但可以从外部观察信息处理的结果，而且能通过视觉、听觉、嗅觉、交互手势等多种形式，达到一种身临其境的信息环境中去。

虚拟现实，是可以创建和体验虚拟世界的计算机系统，它可以包容下多种信息的多维化的信息空间，人类的感性认识和理性认识能力，都能在这个多维化的信息空间中得到充分的发挥。

为什么说虚拟现实是建立于高性能计算机之上的呢？因为虚拟现实背后所需要的大量数字计算和画面构建，包括实时的交互反馈，都是信息处理的黑洞。要创建一个能让参与者具有身临其境感、具有完善地交互作用能力的虚拟现实系统，在硬件方面，需要高性能的计算机硬件和各类先进的传感器；软件方面，也需要特别先进的处理平台，还要有成熟的画面生成和空间三维的建模能力。

由于计算机从诞生之日起，就在科学技术应用中得到广泛使用，所以也存在了很多半交互或视频画面处理的子系统。

　　一般来说，虚拟现实技术演变的发展史，大体上可以分为四个阶段：20世纪50年代至70年代，是VR技术的准备阶段；80年代初至80年代中期，是VR技术系统化、开始走出实验室进入实际应用的阶段；80年代末至90年代初，是VR技术迅猛发展的阶段；90年代末至21世纪初，是VR技术逐步由军用走向民用的阶段。

　　第一阶段，是实现了有声形动态的模拟，这个时期大概是从计算机诞生到20世纪70年代。1965年，美国MortonHeileg公司就开发出一个名为Sensorama的摩托车仿真器，不仅具有三维视频及立体声效果，还能产生风吹的感觉和街道气息，实现了视频、音频和交互的初步探索。1968年，哈佛大学组织开发了第一个计算机图形驱动的头戴式显示器显示器（HMD）及头部位跟踪系统，成为虚拟现实技术发展史上的一个重要里程碑，为虚拟现实技术的发展奠定了基础。

　　第二阶段，开始形成VR技术的基本概念，开始由实验进入实用阶段，在这之后，虚拟现实作为一个全新的概念，得到了科学性的探索和理论研讨，其重要标志是：1985年在MichaelMcGreevy领导下完成的VIEW虚拟现实系统，装备了数据手套和头部跟踪器，提供了手势、语言等交互手段，使VIEW成为名副其实的虚拟现实系统，成为后来开发虚拟现实的体系结构。其他如VPL公司开发了用于生成虚拟现实的RB2软件和DataGlove数据手套，为虚拟现实提供了开发工具。

　　第三阶段，为虚拟现实全面发展阶段。在高性能计算机步入广泛使用之后，特别是游戏和视频显示技术的迅速进步，虚拟现实的理论得到了进一步的完善和广泛应用，虚拟现实技术已经从实验室的试验阶段走向了市场的实用阶段，对虚拟现实技术的研究也从基本理论和系统构成的研究转向应用中所遇到的具体问题的探讨。不仅出现了各种交互设备，还出现了基本的软件支持环境，用户能够方便地构造虚拟环境，并与虚拟环境进行高级交互。

第四阶段，VR技术在计算机运算能力的支持下，逐步由军用向民用领域过渡。

而当下，应该说是处于最革命性的第五个阶段。因为虚拟现实所需要的各个基础科技，都差不多到了成熟和突破的重要时刻。

还记得曾经轰动一时的谷歌眼镜吗？那个革命性的产品，其实就是高新科技的集大成者。光学、操作系统、交互系统、计算能力、移动化，这些技术的突破，也是虚拟现实技术能够在今天得到迅速发展的原因。

实时三维计算机图形技术，广角（宽视野）立体显示技术，对观察者头、眼和手的跟踪技术，以及触觉/力觉反馈、高速的视频处理技术、高速移动互联网技术、人工智能反馈系统等，这都是人类科技全面发展的技术成果。

而在虚拟现实这一科学范畴中，也建立了明显有别于其他技术的几个重要特征。

目前，业内普遍认可的虚拟现实，具有以下三个特征，即沉浸、交互、想象。英文单词恰好是三个"I"："immersion"、"interaction"、"imagination"。

在某种程度上，这三项基本原则或特征，很像科幻作家阿西莫夫提出的"机器人三项原则"，具备超越时代的伦理特征。但也正因为如此，才能更加符合未来虚拟现实带来的社会挑战。

沉浸性（immersion），是指用户作为主角存在于虚拟环境中的真

实程度。

　　称为虚拟现实的，必然是指用户戴上头戴式显示器显示器和数据手套等交互设备，便可将自己置身于虚拟环境中，成为虚拟环境中的一员。用户与虚拟环境中的各种对象的相互作用，就如同在现实世界中的一样。虚拟环境中，用户一切感觉都是那么逼真，有一种身临其境的感觉。

　　交互性（interaction），是指用户对模拟环境内物体的可操作程度，以及从环境得到反馈的自然程度。虚拟现实系统中的人机交互是一种近乎自然的交互，用户通过自身的语言、身体运动或动作等自然技能，就能对虚拟环境中的对象进行考察或操作。计算机能根据用户的头、手、眼、语言及身体的运动，来调整系统呈现的图像及声音。

　　因此，虚拟现实基本上都试图抛弃传统的键盘、鼠标等交互工具，而是通过特殊头戴式显示器、数据手套等传感设备进行交互，目前最新的研究方向，是通过特定的动作捕捉功能，能够判别用户手势，并领会意图。

　　多感知性（imagination），是指虚拟现实的设备，具备初步的人工智能逻辑分析能力。由于虚拟现实系统中装有视、听、触、动觉的传感及反应装置，因此，用户在虚拟环境中通过人机交互，可获得视觉、听觉、触觉、动觉等多种感知，从而达到身临其境的感受。

　　总之，虚拟现实的作用，是为了扩展人类的认知与感知能力，建立一种身不能至也能实际体验的一种高级的信息交流。

　　虚拟现实，是人与技术完美的结合，也是计算机图形学和人工智能技术发展的最高新尖的应用。利用虚拟现实技术的手段，使我们对所研究的对象和环境获得"身临其境"的感受，从而提高人类认知的广度与深度，拓宽人类认识客观世界的能力和维度，能够更快更好地反映客观世界的实质。

根据虚拟现实的这三个特征，就可以把目前虚拟现实的技术发展方向也进行科学的划分。

根据目前的发展来看，最常见的虚拟现实分类标准，是按照其功能高低来进行划分：桌面级虚拟现实系统（desktopVR），沉浸式虚拟现实系统（immersionVR），分布式虚拟现实系统（distributedVR），增强现实型虚拟现实系统。

最简单的虚拟现实，其实就很像现在的无人机遥控指挥员，这是相对成熟的虚拟现实的实际应用。而未来的科技，应该具备全息数字技术、全实时交互，甚至达到人体做梦般的感官和感触。

桌面级虚拟现实系统，是利用一般性能的计算机，实现简单的仿真，计算机的屏幕作为参与者或用户观察虚拟环境的一个窗口，各种外部设备一般用来驾驭该虚拟环境，并且用于操纵在虚拟场景中的各种物体。

这种方式，就非常符合无人机远程观察和控制的交互系统。由于桌面级虚拟现实系统可以通过桌上型计算机实现，所以成本较低，功能也比较单一，主要用于计算机辅助设计CAD、计算机辅助制造CAM、建筑设计、桌面游戏等领域。

沉浸式虚拟现实系统，就增加了很多人体交互设备，比如360°的头戴式显示器等。

这种系统，一般具备了较好的眼球追踪技术，再配以数据手套和头部跟踪器为交互装置，把用户的视觉、听觉和其他感觉带入一个三维立体的体验环境中去，使用户暂时与真实环境相隔离，而真正成为

虚拟现实系统的一个"实际存在的人"。

这种情况下，用户可以利用各种交互设备操作和驾驭虚拟环境，带来一种充分投入的感觉。沉浸式虚拟现实能让人有身临其境的真实感觉，因此常常用于各种培训演示及高级游戏等领域。但是由于沉浸式虚拟现实系统需要用到头戴式显示器、数据手套、跟踪器等高技术设备，因此它的价格比较昂贵，所需要的软件、硬件体系结构也比桌面级虚拟现实系统更加灵活。一般来说，大多用于飞行员或宇航员的培训工作。

分布式虚拟现实系统，是指在网络环境下，充分利用分布于各地的资源，协同开发各种虚拟现实系统。分布式虚拟现实是沉浸式虚拟现实的发展，它把分布于不同地方的沉浸式虚拟现实系统通过网络连接起来，共同实现某种用途，它使不同的参与者联结在一起，同时参与一个虚拟空间，共同体验虚拟经历，使用户协同工作达到一个更高的境界。在目前，分布式虚拟现实主要基于两种网络平台，一种是基于互联网的虚拟现实；另一种是基于高速专用网的虚拟现实。

简单地说，网络游戏的联网式结构，也类似于这种类型。如果在交互和画面方面得到更大提升的话，经典网络游戏CS，也完全可以将全世界各地的军事爱好者，集中到一场虚拟游戏里，进行一场以假乱真的世界大战。

最后一项，增强现实型虚拟现实系统，又称为混合虚拟现实系统，它是把真实环境和虚拟环境结合起来的一种系统，即可减少构成复杂真实环境的开销，因为部分真实环境由虚拟环境代替，又可对实际物体进行操作，因为部分系统就是真实环境，从而真正达到了亦真亦幻的境界。

但这种虚拟现实，和AR（augmented reality，即增强现实，也称之为混合现实）具有很大的相似性。毕竟，AR也是通过电脑技术，将虚拟的信息应用到真实世界，再把真实的环境和虚拟的物体实时地叠加到了同一个画面或空间同时存在。

目前风靡全球的口袋怪兽游戏，就是AR技术最知名的应用。只是受到技术的局限，AR附加在真实环境之上的，也只是简单粗暴的动画版怪兽而已。

目前来说，虚拟现实最大的问题，还是计算能力。

比如，用户进行位置移动时，计算机能不能立即进行复杂的运算，将精确的3D世界影像传回，并产生临场感。这里面可能需要达到毫秒级的要求。否则的话，如果虚拟画面都是严重延迟，那么人就会产生严重的眩晕感，造成运动的不平衡。

所以，虚拟现实的技术，集成了计算机图形技术、计算机仿真技术、人工智能、传感技术、显示技术、网络并行处理等技术的最新发展成果，每一个方面的发展，都需要达到实用的高性能，其实是对人类整体科技水平提出的一个巨大的挑战。

但目前来说，整个虚拟现实技术，还没有一个统一的认知出现。就像战斗机一样，俄罗斯和美国都根据各自的技术研发特点，给出了不同的技术分级划代的标准。一会儿是五代机，一会儿又是四代机，令人很难分辨清楚。

比如，根据虚拟现实生成的方式，虚拟现实又可以分为基于几何模型的图形构造虚拟现实和基于实景图像的虚拟现实系统；而根据虚拟现实生成器的性能和组成，虚拟现实又可以分为四类：基于PC机的虚拟现实系统、基于工作站的虚拟现实系统、高度平行的虚拟现实系

统、分布式虚拟现实系统；而根据交互界面的不同，还可以分为世界之窗、视频映射、沉浸式系统、遥控系统、混合系统这五类。

虚拟现实，之所以被誉为人类自汽车和计算机之后最伟大的发明，从表面看是彻底改变了人类和真实世界互动的方式，而其实质，是对人类几乎每个方面的技术发展，都提出了苛刻的要求。

一个先进的虚拟现实系统，由很多个模块组成。哪怕是最简单的虚拟现实系统，也要具备以下的几个重点模块。

- 检测模块　检测用户的操作命令，并通过传感器模块作用于虚拟环境
- 反馈模块　接收来自传感器模块信息，为用户提供实时反馈。
- 传感器模块　一方面接收来自用户的操作命令，并将其作用于虚拟环境；另一方面将操作后产生的结果以各种反馈的形式提供给用户。
- 控制模块　对传感器进行控制，使其对用户、虚拟环境和现实世界产生作用。
- 建模模块　获取现实世界组成部分的三维表示，并由此构成对应的虚拟环境。

如果按照工程需求进行分解，虚拟现实系统的一整套系统是这样运作的：用户通过传感装置直接对虚拟环境进行操作，并得到实时三维显示和其他力觉反馈等信息。当系统与外部世界通过传感装置构成反馈闭环时，在用户的控制下，用户与虚拟环境间的交互可以对外部世界产生作用。

在该系统中，主要采用了动态环境建模技术、实时三维图形生成

技术、立体显示和传感器技术及系统集成技术。

　　然而，这几个方面，恰恰是对科学技术要求最高的地方。人类在中央处理器（CPU）运算能力、显卡画面运算能力等方面，几乎是穷尽全力。

　　首先，动态环境建模技术，就是对数字运算存在极高要求。使用动态环境建模技术可以获取实际环境的三维数据，并利用获得的三维数据建立相应的虚拟环境模型。该技术是应用计算机技术生成虚拟世界的基础，采用CAD技术或非接触式的视觉建模技术获取三维数据，两者的有机结合可以有效地提高数据获取的效率，但也是要求中最难以达到的。

　　而实时三维图形生成技术，也是科学高峰。三维图形生成技术的关键，是实时生成并实时显示。如果画面生成远远慢于人类的视觉和行动，就会产生脱节。目前的技术要求是，为了达到实时的目的，在不降低图形的质量和复杂度的前提下，要保证图形刷新率不低于15帧/秒，最好是高于30帧/秒。但是，连一个大型游戏都需要飙到需要水冷的高性能显卡时，可想三维图像生成需要多么强的贴图功能和渲染能力。

　　虚拟现实的交互能力，主要依靠立体显示和传感器技术。现有的虚拟现实交互技术还远远不能满足系统的需要，虚拟现实设备的跟踪精度和跟踪范围都有待提高。

　　当然，在可穿戴技术成为人类科技研发主要方向的前提下，这一短板或许会有一天得到改善。但由于虚拟现实中包括了大量的感知信息和模型，因此系统的集成技术变得至关重要。其中每一项，都包括信息同步技术、模型标定技术、数据转换技术、数据管理模型和识别

技术等。

目前来说，虚拟现实大概通过这样几种方式和用户互动。一是传感装置，用户可以直接对虚拟环境进行操作，并得到实时的三维显示和反馈信息（如触觉、力觉反馈等）；二是空间跟踪，主要是通过头戴式显示器（HMD）、数据手套、数据衣等交互设备上的空间传感器，确定用户的头、手、躯体或其他操作物在虚拟环境中的位置和方向；三是声音跟踪，利用不同声源的声音到达某一特定地点的时间差、相位差、声压差等进行虚拟环境的声音跟踪；四是视觉跟踪，使用从视频摄像机到平面阵列、周围光或者跟踪光在图像投影平面不同时刻和不同位置上的投影，计算被跟踪对象的位置和方向。

随着科技的发展，网络世界日益与现实世界重叠。而虚拟现实交互技术将现实彻底地、立体地虚拟化，人们将身在"太虚幻境"中，亲自感受物质生活外的虚拟时空。

应当说，自从2009年3D立体大片《阿凡达》电影在中国取得票房创历史性的新高以来，中国人对于虚拟现实的需求，就上升到了一个新的阶段。针对工业辅助设计的虚拟装配、产品三维化设计等越来越多的应用到中国的工厂。采用虚拟现实技术来建设各种交通工具、飞行器的模拟培训系统已经进入铁路、地铁、航空培训公司的课堂。而基于三维GIS的数字城市、数字国土公共工程，也已经成为国家信息化工程的一部分。

在更接近用户的市场里，虚拟现实的需求就更多了。3D电影的普及，也从一个侧面体现了人们对于三维立体视频的需求。而在商品展览、远程医疗、消费体验等方面，虚拟现实更是具有庞大的应用空间。这十年里，房地产市场一直呈现疯狂的局面，而如果能够给购买者提供全景式的虚拟购买体验，恐怕早就引爆了市场。而与之相关的数字城市、城市规划、楼盘三维可视化等需求也在不断升温。

虚拟现实系统的最大革命性，在于它与用户的直接交互性。在系统中，用户可以直接控制对象的各种参数，如：运动方向、速度等，而系统也可以向用户反馈信息，如：模拟驾驶系统中两车相撞，用户会感觉到震颤，车在抖动。经过不平路面时，汽车会颠簸。这种交互性粗看只是一个技术上的变化，但它出现以后，"以计算机为主体"的看法逐渐被人们所抛弃，大多数人将开始接受"人是信息环境的主体"这一思想。

人类一旦接受了这个伟大的革命，将会彻底改变社会。请相信笔者的这个论断。

第 2 章

变革与颠覆

科幻作家刘慈欣的《三体》三部曲，将中国人们的科技水平和科幻想象力水准，大大提升到了世界一流的程度。当然，《三体》所畅想的科幻未来大大超越了虚拟现实技术的范畴。而同样作为新科技的代表，虚拟现实又将带领我们领略怎样的未来世界呢？那将是一幅站在全球互联网和光纤数字时代的基础上，领悟和体会未来量子时代的全面数字化的社会图景。

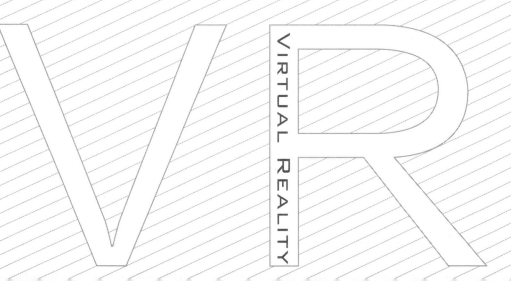

在第 1 章里，阐述了虚拟现实技术的基本概念和原理，虚拟现实技术的应用和功能，这个融合了多种高新科技的新技术，的确让人心潮澎湃。

前几年，科幻作家刘慈欣的《三体》三部曲，将中国人的科技知识水平和科幻想象力水准，大大提升到了世界一流的程度。《三体》里面所写到的那些卓绝未来技术，当然是大大超越了我们要讲的虚拟现实技术。但是，只要人类还有梦想，别说虚拟现实技术，就是宇宙战舰和光速武器，也不是不可能的。

回到本书的主题。本章的重点，是将虚拟现实技术的科学基础和理论突破，进行逐一阐述。让读者们站在全球互联网和光纤数字时代的基础上，去领悟和体会未来量子时代的全面数字化的社会图景。

首先客观而论，目前虚拟现实技术所取得的成就，还仅仅是建立于高性能计算机的现有计算能力之上。而与人类互动的虚拟现实环境，也只是做到了三维图像显示和简单的人机交互。未来全面的接入人体感知系统和感官反馈，还根本未涉及。只有真正开始做到那一步的时候，人和信息系统间的通道，才算被彻底地打通了。

但我们期待有这么一天，虚拟现实系统成为人类掌握数字信息的强大工具，人类能够坐在家里一日千里、跨越高山大海、无所不能，并借助虚拟现实技术大大提升人类的思维能力，彻底地改变社会形态。

有一个很著名的科技笑话是这样说的："宇宙是虚拟的，随着人类的视线越来越远，上帝也需要更加强大的计算机来生成宇宙图片，用来把人类蒙混过去。"

这句话对不对？其实有可能对。因为人类现在的确无法判断自己所在的宇宙，是不是一个超级先进的虚拟现实环境。

接下来，我们将从三维显示器、语音识别等这些外设开始，把虚拟现实技术在科学理论基础上的很多卓越之处，进行介绍和阐述。相信了解了这些积累人类智慧的文明成果，你会和我一样的激动。

首先，虚拟现实技术的核心运作和协调管理，会是一个怎么样的东西？前者就像计算机的中央处理器（CPU），后者就像是智能机器人系统。试想一下，如果一个虚拟现实系统，能够让人实现真实的感触。那这个虚拟现实系统，实际上就是一个完全人格化的仿真机器人系统啊！这两者之间是互通的！把远在太平洋那边的女朋友通过虚拟现实拉到你身边，和机器人模拟出一个女朋友来陪你，技术上并没有太大的差别。

我们先来谈虚拟现实技术的核心运行管理。虚拟现实系统在执行时期的行为模式，由仿真管理器（simulation manager）来控制整体的模拟过程。它控制系统在执行时期的模式（run-time model）。而一般的执行时期模式，可分为三大类：仿真循环模式（simulation loop model）、事件驱动模式（event-driven model）以及同步模式（concurrent model）。

在仿真循环模式中，系统中的运作包括互动、数值运算、数据处理以及3D显像都在一个反复执行的循环中完成；在事件驱动模式中，系统的运作只发生在响应事件的产生，而事件的产生通常由使用者来触发；在同步模式中，系统中的不同运作分散到不同的处理程序，而这些处理程序分散到单个或数个处理器进行排程。

对一般的应用，事件驱动模式较不适用，因为在同一时间，多个由使用者所触发的事件可能同时发生，而这些事件的意义和优先权可

能彼此相关，因而增加控制与管理整体模拟过程的困难度；目前被广泛采用的模式为仿真循环模式，许多商用的虚拟现实发展软件都采用这种模式；至于同步模式则是未来发展的主要趋势，其好处在于系统中运算速度较慢的处理程序不至于影响其他的程序。当然一个虚拟现实系统的仿真管理器要采用何种模式最主要还是跟所使用的计算机平台以及操作系统密切相关。

人类目前的技术，还处于仿真循环模式的阶段。在模拟的过程中，仿真管理器须侦测每一感知接口设备是否被触发，并且把相关传感器的数据进行更新和处理，比如虚拟物体的位置、形状或者速度及与其他虚拟物体的互动等。最后，虚拟场景的新的图形信息就会透射在HMD或计算机的屏幕上。再加上其他如声音、触觉、力回馈等效果的同步反馈，便完成了一个模拟周期。

跟计算机系统一样，外设（I/O）系统，也是虚拟现实技术特别重要的组成部分。各种传感器和追踪器，各种输入设备、输出设备和互动设备，都是虚拟现实系统的核心部分。

在虚拟现实应用中，追踪使用者的位置是很重要的。在过去，设计者只关心追踪器是不是能提供足够的更新率，然而现在却要考虑其他因素，包括静态准确度（static accuracy，测定物体位置的准确度），动态准确度（dynamic accuracy，测定移动量的准确度）和时相延迟（phase lag）等。

特别是时相延迟，由于现在的追踪器都有处理器进行运算，如果物体持续移动，输出结果将永远不等于目前位置。如果输出和目前位置差太多，使用者会感觉出不真实，甚至产生不快与头晕。此外，由于追踪器和头戴式显示器常一起使用，定位（registration，真实和回报的位置之对应关系）也很重要。如果我们看到的动作和实际的步调不一致，那会产生很多问题，如两人怎么样也无法握手，因为他们看到的手和他们手的实际动作并不能配合。

为了改善显示的及追踪到的动作不一致问题，目前主要是采用电压计及光译码器测量仪器中各关节的转动角度、再计算受测物的位置的机械式；由三个正交的发信器发出磁场，经由三组接收器接收，可由收发的信号变化计算出受测物的位置的电磁式；利用红外线和激光技术测定位置的光学式；由发声器发出超音波，让麦克风接收，经由测定时间差来计算受测物距离的超音波式等。

未来，可能会采用惯性式及重力式的原理，来设计虚拟现实的各种交互系统了。这种基于动作惯性和陀螺仪测量三轴转动量的技术，相比于其他的，科技含量更高，也更加精准。

智能人机交互领域，是虚拟现实技术的关键核心部分，如果一台计算机运算能力再强，但没有完美的人机互动，也是没有实际作用的。从键盘和鼠标开始，人类其实一直在努力做到更好。目前，最新的数据手套追踪装置，已经可以用来辨识手的各种动作。预先将光纤置于手套中，利用光在光纤中反射的角度及强度变化，求出各关节弯区角度，从而可得出手势数据。

头戴式显示器可说是一提到虚拟现实，大家就会想到的东西。它是由计算机算出左右两眼的影像，将之显示于显示器内的液晶屏幕上。头戴式显示器和人的眼睛、耳朵十分贴近，可有效排除外界干扰，看起来似乎是虚拟现实的最佳选择。

然而，由于头戴式显示器和人眼的距离很短，人眼可以清楚地看到液晶屏幕上的颗粒。当然这个随着视网膜屏幕的进步，会不复存在。

然后，就是解决人体生理性的挑战了。

人的眼睛和显示器的互动中，会不会产生散焦？会不会发出漫射？怎么跟随眼球运动调整视角？如何解决头戴式显示器的重量和显示效果之间的矛盾，这些都是未来需要慢慢解决的问题。

谷歌眼镜，是超越时代的革命性产品，但由于还没有处理好视线和屏幕的关系，总给人一种斜眼看天的感觉，也影响了它的普遍应用。

虚拟现实技术，最核心也是最具想象力和挑战性的，还是三维图形显像技术。因为，人类最重要的是通过视觉来观察外界实物空间，并利用眼睛和大脑的计算，实现三维空间的各种判断和运动。那么，三维图形的显像，就是虚拟现实技术的成败之举。

三维图形显像技术目前用于虚拟现实系统的，大多是以多边形为处理对象的着色（shading）与贴图（texture mapping）两种作法。此外，也有以整体照明（global illumination）为基础的光迹追踪法（ray tracing）与热辐射法（radiosity）等。

对虚拟现实技术而言，处理场景复杂度愈来愈高，每秒钟所需处理的多边形数量几乎是呈几何级在大幅增加，因此，人类在现有的图像生成技术基础上，重点发展了遮蔽性消除（visibility culling）、多层次精细度模型（level-of-detail modeling，LOD）和影像快取式显像技术（image caching rendering）等。

而在虚拟现实中的动态环境的显像技术，则主要是采用动态热辐射法和动态阴影产生法来实现。

具体来说，在图像着色技术中，光源和物体之间的行为反应以照明模型（illumination model）来描述。它把光直接打在物体上之后产生的复杂反应简化为反射、漫射与环境的光，再计算出物体表面所应该呈现的颜色。

　　为了决定多边形内部的颜色，着色的技术把多边形的端点颜色信息先用照明模型算出，多边形内部的点的颜色信息则利用内插法求出，或者先把着色计算所需的多边形内部点的法向量值透过已知的端点法向量值由内插法求得后，再依该点的法向量值计算出该点的颜色信息，这两种不同的方法分别称为Gouraud shading和Phong shading。上述的着色技术仅能处理一般局部照明（local illumination）的效果，因为它们都只考虑光源直接对物体的作用，而未能考虑光在物体间甚至在物体内部的交互作用，所以产生的影像并不真实。然而整体照明的技术目前都很耗时，因此一般的虚拟现实系统通常利用贴图的技术来配合只考虑局部照明的着色技术。贴图的技术简单地说就是直接把真实物体的影像置于场景中的物体上以期达到真实的组合影像，所以使用贴图时通常物体的几何精细度可粗糙些，也就是可降低场景中多边形的数目；然而贴图所能提供的真实度毕竟有限，无法完全将整体照明的效果考虑进来。要达到整体照明的效果，我们必须采用考虑整体照明效果的算法，如光迹追踪法与热辐射法。

　　如何跟踪人的运动规矩和目光视线，来虚拟出逼真的周围环境呢？用光迹追踪法。这种方式是应用光的可逆性，由投射在视平面的点，反向模拟光的行为，发出一道计算的射线，收集所得到的能量，来表示由视点所看到场景中的物体所带给视平面上每一点的颜色信息；这种做法的最大特性在于要得到最后的显像结果，必须光迹追踪视平面上的每一个像素（pixel）；此外，它有和视点相关的特点，因此一旦视点、视角或场景有所变化，整个过程便需重新计算。对于一般虚拟现实的应用而言，光迹追踪法这种运算量过高的整体照明算法

并不适用。热辐射法是模拟整个环境中能量在物体间互相转移的一种方法。物体表面的亮度是由物体表面所散发出的能量决定的，因此显像的过程具有和视点无关的特性。换言之，在对静态环境做巡访（walkthrough）之前只要先行计算场景里所有物体的热辐射值就可以在视点改变后，很快地计算出具有整体照明效果的影像。整个热辐射法的运作过程可以简单地分为热辐射计算与着色这两个主要步骤，而热辐射计算是与视点无关，因此热辐射法可以容易地应用在静态的虚拟现实系统中；但应用在动态环境中，那么在环境有所改变时，如物体的移动、物体数量的增减或光源的变化等，就必须更新受到影响而改变的热辐射值。这部分的技术目前尚未臻成熟，并不能应用在实时、互动的虚拟现实系统中。如何将整体照明的算法适宜地应用在虚拟现实环境中是未来的趋势与研究的主流。

如今，用来加速图形显像的技术可以分为三个主要的范畴，即遮蔽性消除（visibility culling）、多层次精细度模型（level-of-detail modeling，LOD）和影像快取显像技术（image caching rendering）。

什么是遮蔽性消除？这种技术就是只给你看你能看到的，你看不到的地方全部省略。为了加速显像速度，必须尽可能地将视点所看不到的几何部分在显像前即予排除。在一般3D场景中，要减少所需处理几何的数目，最常利用的做法为称作视锥体消除法（view-frustum culling）的技术，意即在显像之前，把不在视点与视角所形成的锥体内的几何部分给予排除，如此显像时只需处理在视锥体内的数据。

另外有所谓的背平面消除法（back-face culling）的技术，做法是把和视角同向的几何面去除，它们的目的都在于务求将显像时需处理的图形量降低；背平面消除法对每个多边形而言，虽然计算简单，但应用到复杂的场景时仍是个负担。

最近有研究将场景的多边形以阶层式的架构组织起来以支持实时的背平面消除法。接下来，是要把视锥体内看不到的几何去除即所谓的完全遮蔽性（exact visibility），这部分运算通常叫作隐蔽面消除法（hidden surface removal，HSR）；然而，在复杂的环境中，给定一个视点，要求得完全遮蔽性的代价纵使有硬件（如z-buffer）的帮助仍是十分昂贵；相反的，利用少许对现在视点造成最大遮蔽的阻挡物或几何，花费比较少的时间代价而把大多数看不见的部分先予以排除而求得较保守的保守遮蔽性（conservative visibility），然后再把多边形几何数据丢给显像硬件，是个可行的作法。

保守遮蔽性的求法，是利用称作阻挡物消除法（occlusion culling）的技术，首先对空间进行切割，并对每个子空间决定数个潜在的适当阻挡物，而进行模拟时，则根据视点所在的子空间，决定数个适当的阻挡物，并以视点和这些适当的阻挡物产生阴影锥形体（Shadow frustum），最后再将这些锥形体内的被阻挡物所遮蔽的几何予以排除。像建筑物的模型，整个模型被墙分隔成一个个区间（cell），区间之间仅透过像入口（portal）或窗户（window）相通，若只利用视锥体消除法的做法仍不足够。

此做法可分为三个步骤，① 区间分割（cell segmentation）；② 区间至区间遮蔽性（cell-to-cell visibility）；③ 视点至区间遮蔽性（eye-to-cell visibility）。在求区间至区间遮蔽性步骤中，延着模型中主要的不透明部分做分割；然后对于分割后的每一个区间做区间至区

间遮蔽性的测试，即当一条视线（sight-line）存在于一个区间中的任一点到另一区间的任一点时，此两个区间之间的区间至区间遮蔽性就建立了。

如此，对于每一个区间，可以建立以此区间为根的结构树（stab tree）；最后在巡访中，根据使用者所在区间的位置、角度以及它本身的视角对前一步骤所建的stab tree进一步做遮蔽物消除的工作，而获得视点至区间遮蔽性，而得到所谓潜在可见集合（potential visibility set，PVS），再将之丢到计算机绘图硬件中做遮蔽面消除法和显像。这方法的缺点是只能用于室内建筑场景之中，而不适用于一般的室外场景。

在环境中每一个物体皆具有数个不同层次精细度的多边形表示数据，而于视觉仿真中显像时，显像软件再根据使用者和物体之距离及其视角等决定物体该使用何种精细度之数据做显像。其用意在于：因为物体模型是以多边形的方式呈现，因此只要减少在复杂的虚拟环境中的多边形面总数，便可加速显像速率，达成交互式显像速率。对于那些离观视点较远的物体，因其投影在视平面上可能只含少数像素，故以较低精细度的模型显像产生的影像和采用完整精细度的模型显像产生的影像相差细微，视觉上不易感受两影像间的差异，但计算速度却有相当大的提升。我们可以针对那些离观视点较远、较偏离视线的或较不重要的物体，采用较为粗糙、简单的模型来代替，使得整个场景的多边形数较以所有物体都采用完整精细度模型少了许多，因此可大量减少硬件所需处理的多边形个数而大大地改善显像整个场景的速率。

目前来说，虚拟现实技术的软件平台，都必须在仿真前产生数套不同精细度的简化模型提供给系统使用。此种做法我们称之为静态多层次精细度模型。因为两显像画面间多层次精细度模型的选取与切换很难达到理想，所以另一发展的趋势是在模拟中，在时间控制的条件下，我们动态地、依据视点视角调整场景模型的精细度，实时产生显像所需的几何模型，这称之为动态多层次精细度模型。

什么又是影像快取显像技术呢？由于多层次精细度模型的技术对于同一物体必然产生多组不同精细度的模型，因此它须作前置处理并且耗费大量储存空间。且由于物体的几何复杂度被牺牲了，而造成显像时的失真；而影像快取显像技术不但没有上述的缺点，还可以体现多层次精细度模型技术的好处。所谓的影像快取显像技术，是指将物体以几何方式产生的影像或以其他方式所获得的真实影像数据以阶层式的架构保存起来，留待后面几个画面以此影像代替几何数据在进行显像时使用。

它的基本做法为首先利用二元分割树（BSP tree）作空间分割，显像时，在二元分割树中的任一个节点上的物体都可显像在节点本身的影像快取（image cache）上，再利用二元分割树具备的深度排序功能来进行显像。而视点移动之后，上一个画面所产生的快取影像（cached image）依照某一准则来评估，若此快取影像还有效，则使用它以代替该节点上的几何数据显像；否则就产生一新的快取影像。此外，这种影像快取显像技术也容易配合多层次精细度模型的技术，如在同一结点储存多个层次精细度的模型，与利用画面间的相依性（frame coherence）的特性，在近观视点的节点内用多层次精细度模型的几何数据显示，以达到加速的目的。然而此种方法最大的限制在于它只在于静态环境中且对比较深远的场景才能真正发挥其效果。

目前关于这方面的研究方向与趋势仍在于如何成功地把显像技术应用在动态环境中。

在实用的虚拟现实系统中，势必要加入能处理动态环境的技术。对于常见的以局部照明算法为基础的系统无法直接处理阴影计算，使得显像出的画面在整体空间感的表现上就比较差。于是出现了一些在局部照明的架构下产生阴影的算法。在这些算法中，常引用到阴影体积（shadow volume）的概念。所谓的阴影体积其实就是物体在挡住光源后会形成一光源无法直接照射的空间。若有其他物体接触此空间，则该物体就会有阴影产生。基本上，这些算法都十分耗时，且和场景复杂度及光源数都很有关系。这种情况对动态的虚拟现实应用并不适合。所以目前一般虚拟现实应用软件并没有真实的阴影处理，而只有提供简单的、粗糙的阴影以加强视觉效果，如只对某平面作投影。目前有个趋势就是把阴影产生的处理用硬件来做，如透过OpenGL的模板缓存器（stencil buffer）可协助阴影的产生。因此如何把阴影产生法成功地应用在动态环境中是当前一个主要的课题。

对整体照明算法而言，把热辐射法应用在动态环境中的作法，近年来一直有相关的研究提出，却都无法满足虚拟现实实时互动的需求。

目前动态热辐射法的技术有两大类，其中一类的方法是延伸渐进收敛式热辐射法（prOGREssive refinement）来满足动态环境的需求，其主要的观念在于能量的重新分配，即根据物体移动前后的形式因子（form factor）的变化量来重新分配已散发出去的能量，而有所谓的正能量和负能量被分配到环境中；另一类的方法是延伸阶层式热辐射法（hierARChical radiosity）。延伸阶层式热辐射法将环境中的多边形作阶层式的切割，并在有效的误差控制下，在适当的阶层之间建立能量的连接，代表环境中能量的转换与传递。而动态阶层式热辐射法利用有效的算法把受环境变化影响的连接迅速地确认出来，并作适当的更新以反映环境中能量的变化。

但对现阶段而言，这两类热辐射法的技术仍尚待突破，才能成功地应用在实际的虚拟现实系统中。

最后，最牛的黑科技，终于来了！对时间的控制！

为什么对时间的控制如此重要，因为这是一切的基础！三维画面、交互体验、感触体验、浸入式体验，都是由时间的同步来控制的。

在一般的虚拟现实的应用里，维持一个稳定且快速的显像速率（frame rate）是绝对必需的；否则不仅会使得整体运作的效能降低，还会造成使用者身体上的不适，导致许多和虚拟环境之间互动的困难。为了达成具有稳定且快速的显像速率，必须作一有效的时间控制，使得虚拟现实系统中的各项运算资源都能合理分配给各项的系统单元，以期系统中的各类运作或运算都能在各自的临界时间（critical time）内完成，这就是所谓的临界时间计算（time-critical computing）。

临界时间计算的主要概念为，在使用者给定整体系统运作效能或一个固定的显像速率之下，找出在各项质量因素中的一个平衡点（系统运作的时间也为各项质量因素之一）；因此，为了达到一个迅速的运作的时间，其他的质量因素，如显像质量与运算结果的准确性，必须在有效的控制下适度地牺牲。

在一个事先给定的时间内，具有临界时间计算的系统必须在此一

时间内完成系统中各项的运算。如果给予的时间并不足以完成所需的各项运算的话，临界时间计算的机制则必须能降低各项的运算质量以达成在给予的时间内完成所有运算的要求。因此，一个具有临界时间计算的系统必须要具备运算时间预测、降低各项的运算质量和排程各项运算三大特性。

一般而言，要得到完全准确的运算时间预测是不可能的，原因是我们并无法得知系统中的一个程序何时终结。此外，进行运算时间预测所花费的时间必须比真正花在运算上的时间要短，如此才有剩余的时间来进行运算；而为了使进行运算时间预测所花时间尽可能地低，利用经验法则及只考虑几个重要的变量来预测运算时间是常见可行的做法。

当预测所得的运算时间大于使用者所给定的运算时间时，临界时间计算的机制必须有能力对系统中的各项运算作简化，以达到在临界时间内完成所需运算的要求，因而一些运算的质量必须牺牲；要达到此目标，必须找出系统中的质量要素及改变的方式。一般改变的方式分为两类，即连续与离散方式，如系统的更新频率为连续方式而多边形的分辨率改变为离散方式；另外各项简化运算所花费的代价也必须评估，而代价较低的质量要素则首先考虑被牺牲。

在给定的时间内，各项的运算必须要通过排程控制器来作协调。为了适当分配时间给各项运算，排程控制器必须利用上述预测所得的结果来进行排程。如果运算单元无法在排程控制器所给定的时间内完成运算的话，则牺牲运算的质量来简化运算。因此，排程控制器要有能力决定各项运算的重要性与优先级，及运算质量的牺牲程度。

　　一个实用的虚拟现实系统，必须要有临界时间计算的能力才能达到实时、互动的需求；然而对于临界时间计算的研究，现阶段仍在起步当中，目前的虚拟现实系统皆尚未有临界时间计算的机制。

　　而这一切，都依靠一个基础的公用的处理协调系统：动态处理系统。

　　在虚拟现实的相关技术中，我们首先考虑的是如何建构物体的实体模型及如何真实地把它们显示在屏幕上。一旦要将这些技术应用到真实世界的模拟时，还必须考虑一些自然法则的模拟。其中最重要的就是物体碰撞的仿真，这包含碰撞侦测（collision detection）与碰撞反应（collision response）。

　　早期碰撞侦测的应用是在机器人的运动上，用以确保机器人行走的轨迹不会和空间中其他固定物体发生碰撞，一般称为路径规划。而近年来，碰撞侦测技术也成为虚拟现实等仿真系统的核心技术。常见应用如飞行模拟，用来计算飞机的飞行轨迹是否会和其他障碍物相撞；如驾驶训练中用来判断使用者在环境中行进的路径是否可接受；另外在巡访系统中可防止使用者穿越墙壁。

　　碰撞侦测的技术可分为两种，一是解决碰撞侦测的问题时只考虑每个侦测的瞬间物体是否重迭以判断两者是否发生碰撞。这类的方法只计算侦测瞬间物体是否发生碰撞，所以在时间轴上只考虑一个一个时间取样点而非连续的时间线，因此我们称这类方法为离散时间之碰撞侦测（discrete-time collision detection）。很明显，离散时间之碰撞侦测只在离散的时间点上去侦测物体在静态时的重

迭情形，两侦测瞬间内产生的碰撞无法侦测到。所以除了离散时间之碰撞侦测外，还须考虑在两个侦测瞬间内（或者说两个frame间）物体移动的轨迹是否发生碰撞，以避免上述碰撞会遗漏的情形。而另一类的方法在时间轴上不是考虑一个个时间取样点而是连续的时间都纳入考虑，称为连续时间之碰撞侦测（continuous-time collision detection）。

第一类的方法重点在于静态物体的重迭测试。当两个物体占据同一个空间，则这两个物体重迭，碰撞已发生。对物体存在的环境作空间分割来判断是一个直观的加速办法，如均匀空间分割法（uniform space subdivision）：将空间分成一个个大小固定的子空间（cell），一旦有两个物体同时占据一个子空间，则它们很有可能重迭，需再做进一步的计算。另外也有八元树（octree）的分割方式，将空间作阶层式的分割形成一棵八元树；当在分割的过程中，假如有一子空间中的物体数小于某个值，则不再分割下去，而作进一步的重迭测试；反之继续分割。还有其他阶层式的分割方式，如k-d tree及以BSP为基础的分割方式等；此外，系统也利用具有阶层式架构表示物体几何数据，并以球或六面体当作各子物体的包围体（bounding volume），如此当发现物体位于同一个子空间中要计算两者是否重迭时，可以利用其包围体快速地把没有重迭的物体对去除。若物体对的包围体重迭，则继续检查其子物体对。

在第二类方法中，有人将物体的轨迹参数化，并以数值求根法（root-finding）求碰撞点，但很费时。目前已提出利用碰撞预测的方式来加速连续时间碰撞侦测。一物体对的碰撞预测时间为其球形包围体（bounding sphere）间的碰撞时间。碰撞预测的时间经排序后大致仿真真实碰撞的顺序。所以从此排序最先的物体对作碰撞侦测，若真正碰撞时间在第二对预测时间之前，则我们已经找到最先碰撞的物体对；否则，我们只需计算第二对的真正碰撞时间，并与第一对碰撞时间相比。若碰撞预测足够准确，我们只需计算前面几对即可求得最先碰撞的时间。而一对物体之真正碰撞时间计算中，我们可以将物体各自分解成子物体，再计算子物体对的碰撞时间并求取最小者，此法可以递归方式做下去。另外，我们亦可对子物体对做碰撞预测，且将预测时间纳入全景物体对碰撞预测时间之排序，即我们将子物体视为一般物体。这两种做法，每一物体需有一阶层式树状架构包围体（bounding volume tree）以方便做分解。

在一般的虚拟漫游环境中，多是用如前所述的3D绘图方式实行。然而，如果漫游的范围广大，环境景观复杂，为了求得逼真的效果，需要建构内含多达数十万甚至数百万个多边形的模型。在每秒至少需24次更新频率的要求下，也只有超级计算机才可能办到，这对于虚拟现实的普及化来说实在不是个好消息。这种情形下，遂有另一种解决方式，就是影像式虚拟现实。

影像式虚拟现实的观念很简单。假设我们在一个蒙古包内，而蒙古包内壁贴满了蒙古包四周的风景照片，如果照片贴得天衣无缝，看上去就和没有这个蒙古包是一样的。为了要将照片贴得天衣无缝，拍摄取景时要留意特别留下重复部分，以便将图接合。当然，接图时也要用一些算法将图形作些变形，才能接得顺畅。此外，以台湾大学资讯工程系的影像式虚拟现实（photo VR）为例，利用锯齿线平滑技术

（anti-aliasing），使静态画面质量更好。除了环状接合，球状接合能使天空及脚底都清楚呈现出来。

至于图片的接合，我们假设来源照片都是标准的透视投影，相机焦距不变，且每张照片中心都在同样的水平高度上。利用影像比对（image matching）可以算出两张照片的重复部分，将之消去，并将影像柔化（smoothing）以消除两张相片间的亮度差异。当然，原始影像质量仍然要尽量好，以增进接图后的质量。

目前，这方面的产品有Apple的QuickTime VR，RealSpace的RealVR及PanoVR等。此种做法已成功的用到静态环境，如美术馆/博物馆的浏览系统。而此做法若要成功的用到其他VR应用，必须能有效的处理使用者与场景或场景内物体间的互动，且必须去除使用者参观路径的限制，这些应用皆需利用深度数据计算遮蔽性消除。这是目前尚待努力突破的。

以前，虚拟现实技术主要是以单机和单人为主，随着互联网的发展，现在最热门的虚拟现实应用也向网络化迈进，目前的应用以网络漫游及网络会议为主。在网络会议方面，现在可以透过网络，将与会者的脸的影像传输以让其他人能透过HMD看到，并可任选虚拟场景，甚至可以将参与者的动作也显现出来。此外，MPEG-4也以视讯会议为导向，计划用模型的方式，大幅减少频宽需求，这方面的研究还在持续中。网络漫游，较大的问题在于使用的人数，要能让这些人所见能同步，人数越多需要的计算就越多。而前面所说的影像式VR也常用在网络虚拟现实技术的应用中。

看到此处，相信读者已经是彻底晕菜。同样，作为科普作家的笔者，也是有些不知所以然。但是我们依然保持激动的是，虚拟现实技术，作为人类科技树上最高最尖的哪一枝，真的充满了各种高新科技的挑战和各种极端技术的突破。

试想一下，假如我们的宇宙真的是上帝所虚拟出来的虚拟现实，那么我们的每一步科技进步，都向上帝提出了新的一步挑战。作为人类来讲，能够有这么崇高的理想和意义，真的是值得万世荣耀。

第 **3** 章

虚拟现实的技术历程

　　计算机图形学之父伊凡·苏泽兰，在麻省理工学院攻读博士学位时的博士论文，课题是三维交互式图形系统，于是，他编写了第一个看似简陋的程序——画板，它成为有史以来第一个交互式绘图系统。在此基础上，苏泽兰提出了包括具有交互图形、显示、力反馈设备以及声音提示的虚拟现实系统的基本思想，成为虚拟现实领域重要的里程碑事件。一场社会的变革、一段时代的变迁由此拉开了序幕。

　　虚拟现实的产生得从 1965 年开始讲起。

　　那一年，作为计算机图形学之父和虚拟现实之父，伊凡·苏泽兰提出了虚拟现实这个概念。此前，他在麻省理工学院攻读博士学位时的博士论文，课题就是三维交互式图形系统。然后，他编写了一个看似简陋的程序——画板，可它却是有史以来第一个交互式绘图系统。

　　十几年后，人们在画板的基础上相继开发了 CAD 和 CAM 软件，真正体会到它带来的划时代变革，并成为 20 世纪最杰出的工程技术软件。

　　1965 年，苏泽兰首次提出了包括具有交互图形、显示、力反馈设备以及声音提示的虚拟现实系统的基本思想。

　　如果你觉得这个想法实在太天才、太超前了。那么我告诉你，1942 年，阿西莫夫就在短篇小说 "Runaround《环舞》" 中首次提出了机器人三定律。是的。1942 年，第二次世界大战期间，有人在浴血奋战，有人已经在思考未来人类如何和机器人共存。

　　大概就在 20 世纪中期，虚拟现实的重要的里程碑事件发生了。随着人们的研究和技术的进步，虚拟现实（VR）和增强现实（AR）慢慢变得清晰，并形成了各自完整的技术体系。

　　简单地说，虚拟现实，是指沉浸式的进入虚拟世界消费内容，给用户身临其境的感觉。创建一个虚拟现实世界，用户利用 VR 设备将自己带入到这个虚拟世界中，不管是游戏还是电影等其他领域，用户可以利用 VR 设备将自己充分的与虚拟世界中结合，体验身临其境的感觉。

　　而增强现实，也称为混合现实，是指通过一些电脑技术，将虚拟的信息应用到我们真实的世界，把虚拟物品信息与我们真实的世界叠加在一起，使两者出现在同一个画面或者空间中。用户扫描一个物体时，会跑出来这个物体的虚拟信息。

简而言之就是VR将人们带入虚拟世界中；AR将虚拟信息带入真实世界中。按照字面意思，感觉增强现实比虚拟现实要更加容易一些。事实也的确是这样的。

1966年，美国麻省理工学院林肯实验室，正式开始了头戴式显示器式显示器的研制工作。听起来是不是感觉不太靠谱？那时候计算机都还无比笨重，怎么就会有实验室开始研制头戴式显示器式显示器？

其实一切并不如你所想，那个时代人类的科技已经达到了非常高的程度。仅仅三年之后，1969年7月21日，美国的"阿波罗11号"宇宙飞船就成功载着三名宇航员登上月球。

1970年，美国诞生了第一个功能较齐全的头戴式显示器式显示器系统；到了1980年，美国的Jaronlanier正式提出了虚拟现实一词，美国宇航局及美国国防部也组织了一系列有关虚拟现实技术的研究，并取得了显著成果。

20世纪80年代早期，美国军方开始大量关于飞行头戴式显示器、军事训练仿真器的研究。1987年一位著名的计算机科学家Jaron Lanier，制造出一款价值10万美元的虚拟现实头戴式显示器，第一款真正投放市场的VR商业产品。

20世纪80年代最重要的改变是，组成虚拟现实的各个设备都可以独立购买了！

● 立体显示：市场上已经可以买到索尼（Sony）生产的便携式 LCD显示器、35mm广角镜片，很近距离下视场的广度也能得

到保证（只是没有变形校正）。

- 虚拟画面生成　显卡每秒可渲染上千个三角形，已经可展示复杂的图像。
- 头部位置跟踪　Polhemus公司开发出了6个自由度的头部追踪设备，虽然使用距离还有局限，但是比起机械连杆和超声波控制的设备，精度大大提高，还少了束缚。
- 虚拟环境互动　带有关节动作传感器的手套已经出现。
- 模型生成　当时的显卡也可以做到实时三维建模。

1968年，哈佛副教授Ivan Sutherland跟他的学生Bob Sproull合作发明了Sutherland，称之为"终极显示器"的AR设备。使用这个设备的用户可以通过一个双目镜看到一个简单三维房间模型，用户还可以使用视觉和头部运动跟踪装置改变视角。尽管用户交互界面是头戴的，然而系统主体部分却又大又重，不能戴在用户头上，只能悬挂在用户头顶的天花板上。这套系统也因此被戏称为"达摩克利斯之剑"。

虽然第一台头戴式AR设备的发明，是在1968年，但是实际上，直到1990年，波音公司研究员Tom Caudell才创造了"AR"这个术语。Caudell和他的同事设计了一个辅助飞机布线系统，用于代替笨重的示例图版。这个头戴设备将布线图或者装配指南投射到特殊的可再用方板上。这些AR投影可以通过计算机快速轻松地更改，机械师再也不需要手工重新改造或者制作示例图版。

大约在1998年，AR第一次出现在大众平台上。当时有电视台在橄榄球赛电视转播上使用AR技术将得分线叠加到屏幕中的球场上。此后，AR技术开始被用于天气预报——天气预报制作者将计算机图像叠加到现实图像和地图上面。从那时起，AR真正地开始了其爆炸式的发展。

2000年，Bruce H. Thomas在澳大利亚南澳大学可穿戴计算机实验室开发了第一款手机室外AR游戏——ARQuake。2008年左右，AR开始被用于地图等手机应用上。2013年，谷歌发布了谷歌眼镜，2015年，微软发布HoloLens，这是一款能将计算机生成图像（全息图）叠加到用户周围世界中的头戴式AR设备，也正是随着这两款产品的出现，更多的人开始了解AR。

随着计算机技术的飞速发展，虚拟现实技术有了更广阔的应用领域。人们在登月计划的刺激和鼓舞下，开始幻想未来利用计算机技术生成一个逼真的，具有视觉、听觉、触觉等效果的可交互的、动态的世界，人们可以对该虚拟世界中的虚拟实体进行操纵和考察，体验跨越时空的神奇感觉。

但实际上，虚拟现实技术，是信息科学领域一类新兴的工程技术，它对计算机图形学、计算机仿真技术、人机接口技术、传感技术、多媒体技术和网络通信技术等，都有着极高的技术要求。

同时，虚拟现实技术的想象力，极大地突破了事物表达的传统方法的局限，使过去认为只擅长处理数字化单维信息的计算机，发展为能处理适合人的特性的多维信息，使人们可以将想象的环境虚拟实现，并可以在其中以最自然的动作与这种虚拟现实进行交流。这都给人类科学技术发展提出了极大的挑战。

虚拟现实要求的是，使用者不仅能够通过虚拟现实系统感受到在客观物理世界中所经历的"身临其境"的逼真性，而且能够突破空间、

时间以及其他客观限制，感受到真实世界中无法亲身经历的体验。

那么，生成虚拟现实就需要解决以下三个主要问题：① 以假乱真的存在技术，即怎样合成对观察者的感官器官来说与实际存在相一致的输入信息，也就是如何可以产生与现实环境一样的视觉，触觉，嗅觉等；② 相互作用，观察者怎样积极和能动地操作虚拟现实，以实现不同的视点景象和更高层次的感觉信息，实际上也就是怎么可以看得更像，听得更真等；③ 自律性现实，感觉者如何在不意识到自己动作、行为的条件下得到栩栩如生的现实感，在这里，观察者、传感器、计算机仿真系统与显示系统构成了一个相互作用的闭环流程。

我们就拿一个最简单的例子来说，虚拟出人体在三维空间中的穿衣服的行动和感触。这需要通过多个角度拍摄很多照片，再利用3D成像技术将平面图形转化成3D图形，再借以数字滤波技术将这些数据真实化。并且，要在这些数据的基础之上，生成身体的三维画面，胖一点或瘦一点，紧一点或松一点，都是差异非常细微的区别。更何况，虚拟现实的最终目标，还是实现人体感触的模拟，那就是真正穿衣服的感觉了。

应当说，经过几十年来的科研发展，虚拟现实从理论概念、到实验室研发，再到技术实验，最后到投入市场应用，经过了一个漫长的发展过程。在这其中，硬件发展的驱动力，源于计算机处理器、显示技术、传感器、移动网络速率、液晶显示技术等多个领域的技术进步。

目前来说，虚拟现实重点发展的硬件类型有以下几种：手持设备、固定式VR系统、头戴式显示器、空间增强现实系统、三维智能眼镜、动作捕捉及交互系统、3D立体透视视频等。

就全世界范围内来说，虚拟现实领域的最新技术研发方向，也进入了比较深层次的攻坚阶段，以下几种是科技媒体披露和总结出来的虚拟现实的最新科研动态。

（1）支持情感交互（affective-based HCI）的情感计算（affective computing）　它是通过各种传感器获取由人的情感所引起的表情及其生理变化信号，利用"情感模型"对这些信号进行识别，从而理解人的情感并做出适当的响应。其重点就在于创建一个能感知、识别和理解人类情感的能力，并能针对用户的情感做出智能、灵敏、友好反应的个人计算系统。

（2）支持可穿戴交互（wearable HCI）的穿戴计算（wearable computing）　可穿戴计算机是一类超微型、可穿戴、人机"最佳结合与协同"的移动信息系统。可穿戴计算机不只是将计算机微型化和穿戴在身上，它还实现了人机的紧密结合，使人脑得到"直接"和有效的扩充与延伸，增强了人的智能。这种交互方式由微型的、附在人体上的计算机系统来实现，该系统总是处在工作、待用和可存取状态，使人的感知能力得以增强，并主动感知穿戴者的状况、环境和需求，自主地做出适当响应，从而弱化了"人操作机器"，而强化了"机器辅助人"。

（3）支持人脑交互（brain-computer interaction）的脑计算（brain computing）　最理想的人机交互形式是直接将计算机与用户思想和目的进行连接，无需再包括任何类型的物理动作或解释。对"人脑计算机界面（brain-computer interface，BCI）"的初步研究可能是迈向这个方向的一步，它试图通过测量头皮或者大脑皮层的电信号来感知用户相关的大脑活动，从而获取命令或控制参数。人脑交互不是简单的"思想读取"或"偷听"大脑，而是通过监听大脑行为决定

一个人的想法和目的，是一种新的大脑输出通道，一个可能需要训练和掌握技巧的通道。

（4）远程触摸和操纵实物　该技术现在只能模拟非常基本的动作，比如击掌或是来回拍球。而在未来，一个更复杂的版本或许能够在更大的屏幕上工作，并重现整个人体。简单点来说，该技术搭载的设备是基于在一种名为inFORM的可变形3D表面，可以在电子元件上模拟物理触感——即可以允许用户移动某个对象，而无需身体在那个地方都可以来触动它。这种变形的用户界面是由Daniel Leithinger和Sean Follmer在Hiroshi Ishii的指导下设计完成的。该技术的设计者Sean Follmer表示，这种形状显示和数字交互技术已经存在了一段时间，但inFORM不同，它专注于用户和之间的交互，并提供一种远程触摸和操纵，相隔千里仍可接触。

（5）下一代显示屏技术　比如，一家叫Bristol的公司开发了一种称为UltraHaptics的技术，你无需触摸到屏幕就可以控制屏幕。它利用的是使用者的超声波以及空气压力，从而进行相关的操作。另一个是由麻省理工学院的媒体实验室带来的，你可以在一名使用者的屏幕空间里的任何地方进行绘制，然后数据可以同步到他的屏幕上。

在2016年微软发布的超级平板上，就已经有一个神奇的鼠标，可以判断操作者的手势，并提供无数种神奇功能。

（6）三维重建技术　提出了一种方便普通民众（仅需利用手机和电脑）快速制作小型物体三维模型的方法。首先围绕物体拍摄若干张影像，然后快速恢复每一张影像的内外方位元素，使用图割法半自动提取物体的轮廓线，最后利用轮廓线信息快速生成物体的数字三维模型。这适用于任何材质的静态物体，可以解决影像匹配或激光扫描所不能解决的三维重建问题，通过选择人工背景解决了稳健姿态恢复问题，通过算法优化降低了计算能耗。

（7）体感系统Kinect Kinect for Xbox 360，简称Kinect，是由微软开发，应用于Xbox 360主机的周边设备。它让玩家不需要手持或踩踏控制器，而是使用语音指令或手势来操作Xbox 360的系统界面。它也能捕捉玩家全身上下的动作，用身体来进行游戏，带给玩家"免控制器的游戏与娱乐体验"。Kinect感应器是一个外形类似网络摄影机的装置。Kinect有三个镜头，中间的镜头是RGB彩色摄影机，左右两边镜头则分别为红外线发射器和红外线CMOS摄影机所构成的3D深度感应器。Kinect还搭配了追焦技术，底座马达会随着对焦物体移动跟着转动。Kinect也内建阵列式麦克风，由多组麦克风同时收音，比对后消除杂音。Kinect处理流程的最后一步是使用之前阶段输出的结果，根据追踪到的20个关节点来生成一幅骨架系统。通过这种方式Kinect能够基于充分的信息最准确地评估人体实际所处位置。

看到这里，你一定也是激动万分。是的，人类未来实现这些伟大的功能，一直在坚持各种高新科技甚至是意想不到的黑科技的发明创造。

2016年10月26日，微软举行的Windows 10（Win10）发布会上，就公布了一首全新的Win10专用VR头戴式显示器，它的卓越之处在于，可以和笔记本电脑简单搭配，就能实现丰富的三维画面的显示功能。

这款VR产品仅需要一根线连接在电脑上面，即可开始体验VR，同时由于设备的配置要求不高，一般的笔记本都能够使用这款产品。设备采用了由内而外的跟踪传感器和Oculus类似的"六轴自由定位系

统",不需要像Oculus the Rift和HTC Vive一样采用激光的外部跟踪器。用它来连接笔记本电脑,就能轻松实现很多动作判断、人机交互和三维视频等功能。

在微软股价重新回到十年之前并创下新高的时候,我们来看看其他各大厂商的各类最新产品。毕竟,虚拟现实领域在2016年蓄势待发,各大厂商宣传已久,令骨灰玩家及数字发烧友心痒难耐的产品最近也在陆续粉墨登场,甚至可将2016年定义为虚拟现实元年。

早在2014年以20亿美元的价格被Facebook收购的Oculus公司,它的Oculus the Rift头戴设备一直是全世界关注的科技最新动态和方向。三星的Gear VR占据第二的位置。

Oculus是一个在虚拟现实领域颇具影响的创业公司。Oculus的旗舰产品Oculus the Rift几年来被普遍视为最具有前途的虚拟现实设备,可以将使用者置于一个全方位的视觉幻象当中。

2011年,当时年仅18岁的帕姆·拉克利(Palmer Luckey)在父母家中的车库里拼凑出一台粗糙的产品原型。2012年6月,约翰·卡马克(John Carmack)——ID Software的传奇创始人,《毁灭公爵》和《雷神之锤》的主程序员,3D游戏概念的缔造者——将这款早期产品原型带到了E3视频游戏大展上,再次将虚拟现实技术引入了大众话题当中。一年之后,Oculus在E3大展上展示了一款高清产品(Oculus the Rift),再一次震撼了所有人。而最终,是Facebook总值20亿美元的收购。而这只是一家还没有成型商业产品的公司,Oculus还在追寻这个科技行业大多数人几十年前已经放弃的梦想。

2016年的OC3大会,Oculus公司CEO Brendan Iribe宣布,通过额外的传感器,Oculus the Rift VR系统可以让用户在坐着和站着的情况下感受空间追踪的 Room Scale VR体验。再加上头戴式显示器和遥控，VR系统就能够通过定位人体的传感器，将人体的位置信息反馈给系统，让环境追踪系统运作，为用户提供3D沉浸体验。

此外，还记得那个盛极一时又迅速衰落的HTC公司吗？2015年3月，HTC公司在MWC2015上发布了HTC Vive，这是一款由HTC与Valve联合开发的VR虚拟现实头戴式显示器产品。由于有Valve的SteamVR提供的技术支持，因此在Steam平台上已经可以体验利用HTC Vive功能的虚拟现实游戏。2016年6月，HTC又推出了面向企业用户的虚拟现实头戴式显示器套装——Vive BE商业版服务。

HTC Vive通过以下三个部分致力于给使用者提供沉浸式体验：一个头戴式显示器、两个单手持控制器、一个能于空间内同时追踪显示器与控制器的定位系统（Lighthouse）。

在头部上，HTC Vive开发者采用了一块OLED屏幕，单眼有效分辨率为1200×1080，双眼合并分辨率为2160×1200。2K分辨率大大降低了画面的颗粒感，用户几乎感觉不到纱门效应。并且能在佩戴眼镜的同时戴上头戴式显示器，即使没有佩戴眼镜，400度左右近视依然能清楚地看到画面的细节。画面刷新率为90Hz，2016年3月份的数据显示延迟为22ms，实际体验几乎零延迟，人也不觉得恶心和眩晕。

控制器定位系统Lighthouse采用的是Valve的专利，它不需要借助摄像头，而是靠激光和光敏传感器来确定运动物体的位置，也就是说HTC Vive允许用户在一定范围内走动。这是它与另外两大头戴式显示器Oculus the Rift和PS VR的最大区别。

Oculus取得的进展，激发索尼公司宣布推出自己的虚拟现实硬

件，名为Project Morpheus，并很快成为虚拟现实领域大家争相议论的焦点。

目前，索尼已经售出了接近4000万台PS4，在激烈的市场竞争中，这3880万PS4会给索尼的PSVR打下坚实的用户基础。

2015年E3展会中，索尼对外展示了虚拟现实头戴式设备Project Morpheus，它能够与家庭游戏机配合使用，为用户带来虚拟现实游戏体验。Project Morpheus头戴式显示器拥有5.7英寸的OLED显示屏，刷新率达到了120Hz，延迟时间低至18ms，头戴式显示器重量大幅下降。在连接PS4游戏机之后，Project Morpheus可支持虚拟现实360°变换为游戏画面，让用户享受犹如置身于游戏之中的感觉。

如果加上索尼在PS系列游戏机上的技术积累，和索尼所拥有的强大的内容制作公司Sony Pictures Entertainment以及Sony Music Entertainment，毫无疑问，我们有理由寄予它更高的期待，相信索尼公司也会在虚拟现实领域中扮演重要的角色。

接下来让我们看看三星。三星的手机遍布全球，承载虚拟现实的移动平台数量有了保障，跟索尼相比是不是市场前景就胜出一筹呢？也许未来，三星能在虚拟现实领域占据移动端的巨大优势，跟Google的Cardboard和MergeVR展开较量。

谷歌在虚拟现实里做了什么？

看起来似乎什么都没有做，但其实谷歌公司是最早的虚拟现实巨头。原因就是那个超级棒的谷歌眼镜。

那款谷歌眼镜，是超越时代的产品，而且是非常经典的AR增强现实产品。它对光学的使用，对计算机的使用，对人机交互的使用，都是虚拟现实未来的方向之一。而目前，谷歌悄悄藏起来了诸多专利技术，转而研发使用广泛的廉价产品。

　　谷歌目前的虚拟现实头戴设备其实就是由Cardboard构成，该纸版的官方售价只有15美元，很容易就能买到。

　　Cardboard并没有引起媒体太多关注，后者的注意力都放在了Oculus the Rift、HTC Vive或三星Gear VR上。但Cardboard对iOS系统的兼容能够让谷歌在移动虚拟现实市场打下基础。鉴于谷歌可能将在2017年推出升级版的塑料Cardboard，用户在使用谷歌虚拟现实设备时会感到更为方便。塑料版Cardboard对于两大智能机操作系统的兼容可能会进一步提升其吸引力。从长远来看，这可能会帮助谷歌在虚拟现实领域取得对Facebook的胜利。

　　前文所述的，几乎所有都是消费级的虚拟现实技术应用。消费级别的虚拟现实应用攻城略地的第一个堡垒也许是游戏产业，但是它所能应用的天地将远远不止于此。虚拟现实技术应用将远远超越游戏层面，将改变人们讲故事的方式、医药业、教育、设计以及更多你想象不到的领域。

　　高盛2016年1月13日发布的VR/AR产业报告，从游戏、实况、视频娱乐、健康、房地产、零售、教育、工程、军事9大领域做了非常精细的收入预测，其估计2025年虚拟现实市场规模将达到800亿美元（其中硬件450亿美元，软件350亿美元），并给出1820亿美元的乐观估计。

　　这个领域已经杀进来了很多公司。资源的整合，项目的开发，都在以惊人的速度进展着。虚拟现实并不是下一个3D电视，又或者智能手表，它是计算行业的未来！

　　比如，VRX大会上就出现了很多游戏产业以外的讨论和项目介绍。DeepStream VR公司的CEO Howard Rose，通过演讲使所有

人见识到了虚拟现实将在疼痛减缓方面做出哪些贡献。Magic Leap 的首席创意官 Graeme Devine 分享了一个暖心故事——如何在虚拟现实环境中联手协作开发现有的软件。还有比如引擎公司 Unity、Epic 以及 Crytek 的 CEO 们畅谈了整个行业所蕴藏的极大潜力。

此外，对于动不动就诞生出世界级互联网巨头公司的网络社交产业来说，虚拟现实社交潜力巨大，是一座巨大的金山。接下来，我们就会迎来一系列的问题：虚拟现实中的个人隐私怎么保护？你该如何让自己远离垃圾广告轰炸？你该如何让你的用户保持一定的投入度？唯一的清楚的答案，就是在虚拟现实社交领域固然有太多的未知，但是可以肯定的一点是，这个领域的潜力实在太大了！

想象一下，如果 Facebook 打造出了更加高级的虚拟现实社交环境，整个市场规模会做到多大？！

虚拟现实社交中的大公司，即将成为下一代人津津乐道的话题公司。我们将看到发生在这些公司之间的几十亿美元的并购案和 IPO，正如我们今天见证了社交网络公司所带来的资本狂欢。这也意味着，在虚拟现实社交领域，无论是硬件还是软件上都有很多尚未决出胜负的解决方案，除此之外，人们在面对全新的社交环境是否做好了充足的心理准备？这一切都打上了问号。

回望来时的路，一切进展仅仅发生在三年之内。2012 年的 8 月，Kickstarter 平台上 Oculus 众筹成功，这一路走来所有的产品进展速度惊人。各大厂商在面对虚拟现实产品开发上的态度是务实的，认真的。虚拟现实就是存在的，时机成熟时自然会来到我们身边。2016 年的国际消费电子展（CES）上，来自世界各地的数码设备厂商都为大家带来了最新的产品和技术。

SpaceTop——3D互动桌面

来自麻省理工学院和微软的研究人员展示了一个3D互动桌面环境，称之为SpaceTop。SpaceTop使用透明显示器，用户把键盘和自己的双手放置在显示器后面。随后，用户可以通过手势来移动显示屏上的数字对象，以操纵现实世界物体的方法去操作网页、文档和视频，这是一场很有未来感的桌面计算演示。

IllumiRoom——外围投射的互动视觉体验

IllumiRoom由微软雷德蒙研究院的研究人员开发。通过使用Kinect传感器和投影仪，系统能够把电视屏幕延伸到整个房间里。投射在电视屏幕周围的图像营造了额外的环绕情境，并形成了沉浸式环境。

MorePhone

加拿大奎恩斯（Queens）大学研究人员演示的MorePhone项目借助能够编程控制的可折叠显示器，将手机状态告知用户。例如，MorePhone并不会显示用户只有在打开手机后才能看得到的新邮件图标，而是会把显示器的一部分折叠起来。人们还进行了将可折叠显示器用作输入方式的探索（例如，你可以通过弯曲显示器的方法来放大或缩小画面），但这个项目的新颖之处在于探索可折叠作为输出方式的可能。

置换现实头戴式显示器

置换现实是日本理化学研究所Naotaka Fujii博士最近发明的一种混合型现实系统。假定用户将随时佩戴HMD，而系统则会记录下他所看到的一切。当场景与过去的录制信息大体上重合时，置换现实就能够在用户无法察觉的情况下在现实和过去之间切换。如果切换非常流畅，用户将无法知道她看到的是现实还是录制影像。这样就能创建一个沉

浸式的混合现实环境。Kevin Fan和他的合作者研究了听觉和触觉反馈会对置换现实的感知产生哪些影响。

Milk VR

2014年Oculus和三星合作推出了虚拟现实头戴设备Gear VR，让虚拟现实以另一种形式得到廉价化，并且推出了部分对应的游戏，用户只需戴上"头戴式显示器"，就可以享受游戏。为了让虚拟现实技术有更好的发展，一款名为Milk VR的应用也于2016年登场。该款应用将为人们带来沉浸式的360°视频体验。

从真实世界到虚拟环境，中间经过了增强现实与虚拟环境这两类虚拟现实增强技术。国际上一般把计算机视觉、增强现实、增强虚拟环境、虚拟现实这4类相关技术统称为虚拟现实连续统一体（VR continuum）。

与早期相比，增强现实或增强虚拟环境的概念已经发生了很大的变化，技术领域大为拓宽，但它们的技术特征都离不开以下3点：将虚拟和现实环境进行混合；实时交互；三维注册。

强现实技术，通过运动相机或可穿戴显示装置的实时连续标定，将三维虚拟对象稳定一致地投影到用户视域中，达到"实中有虚"的表现效果。真实世界是我们所处的物理空间或其图像空间，其中的人和其他实物随着视点的变化，也进行对应的投影变换，使得我们感受到位于真实世界的三维空间中。而未来虚拟现实，就要做到把虚拟的环境，完美地实现和真实世界一样的感官反应。

还记得网络上传播甚广的篮球场上跳出一条大鲸鱼的视频吗？随着那个名为Magic Leap的宣传视频，数字光场这个概念也变得广为人知。这种不采用屏幕来做载体的显示方式，通过记录并复现光场来完成虚拟物体的显示。通过呈现不同深度的图像，使用户在观察近景或远景时，可以实现主动的对焦，这也是光场显示的一大优点。

同样，光场显示也有不同的显示方案，一种方案是采用多层的显示器，如光场立体镜。如Magic Leap采用的是光导纤维投影仪。这套方案的优势是可以做到很大的视场角，显示更加符合人的真实感受。但这一方案同时也具有比较大的挑战性，光场的显示需要比较大的计算量，并且需要有相应的手段记录或者生成想要叠加的虚拟对象相应位置的光源信息，同时还要精细地控制投影的内容和位置，目前这些技术还都处于研究阶段。

尽管存在比较多的挑战，光场显示技术仍旧是非常值得期待的一种成像方式。但是，这个技术能够做到实际运用，的确是太难了。

程序员们目前还没有能力在虚拟现实环境中开发虚拟现实，大部分的虚拟现实内容往往只是由具备了开发游戏能力的人所掌握。当这些工具的进入门槛变得更低，甚至消失不见时，我们才能真正看到虚拟现实革新的加速发展和普及。

这一点，对于虚拟现实的未来至关重要。因为虚拟现实未来所需要突破的几个技术关键点，都在游戏中有所体现。

要拍3D全景，摄像头至少要在8个以上，少了只能拍摄2D画面。硬件方面难点是所有摄像头的同步性，后期要无缝拼接则需要调整多幅图像的曝光度、对比度、白平衡等参数，渲染需要相当长的时间。其实现在的高端游戏一直在做的都是构建立体的画面，并且还采用若干个渲染引擎来做到完美的细节还原。

除了视频之外，音频技术的储备，人们似乎也已经做好了。对于

声音到鼓膜的反射混响过程，工业界有比较成熟的音效算法，叫头部相关传输函数（head-related transfer function，HRTF），可把单一音源转化为双声道来欺骗人耳的定位。这要用到人头录音（dummy head recording），即采用仿真人头模型，在人耳鼓膜位置放置两个麦克风来录制声音，比较原音与双耳录制音即可得到HRTF，然后用HRTF对其他原音编码即可，这方面有很多公开数据集，比如：IRCAM Listen Database。

因为混声回声缺乏很好的构建模型，有的数据集采样自由度稀疏，需要插值。HRTF技术在定声音方向上非常不错，基于HRTF的耳机音效系统，如很早就投入商用的SRS到后来三星DNSe再到DTS的Headphone：X，它们很早就在耳机发烧友这一小众群体中流行。

音频看似简单，但计算密度同样巨大！每个声源都要计算双耳效果，要求好的直达声与回响之间的初始时间延迟、混响、衰减曲线，并且当头部移动时，更要迅速对声源方位、耳间听觉差等重新计算。但经过这么多年的技术方面的研发和储备，我深深相信，人们已经准备好了。

第 **4** 章

虚拟现实的技术应用

虚拟现实技术，堪称人类科学历史上比肩计算机和汽车的重大文明突破之一。它率先打破了三维时间限制，引导人们主动地去创造一个新世界。在未来的某一天，我们或许可以在计算机系统中创造出具有自我思维的生物，并且让他们无法感触到自己是生活在虚拟的世界中；甚至暮然回首，我们或许将发现人类本来就是某种高等级智慧生物所虚拟出来的？一切皆有可能。

　　说虚拟现实技术，堪称人类科学历史上比肩计算机和汽车的重大文明突破之一，是因为虚拟现实是第一个打破了三维时空限制，第一次人设地、主动地去创造了一个世界。

　　从这个逻辑突破点来说，如果有一天，人类真的把虚拟现实技术发展到了极致，比如在计算机系统中创造出具有自我思维的生物，并且让它们无法感触到自己是生活在虚拟的世界中，也是有可能的。

　　或许，我们人类本来就是某种高等级智慧生物所虚拟出来的似乎也不是不可能。

　　但无论如何，虚拟现实技术的诞生，大大提升了人类的整体科技水平。随着整体的计算机技术、传感与测量技术、图形理论学、仿真技术和微电子技术的飞速发展，人类的各个领域，都得到了革命性的提升和发展。

　　其中，应用最早、最广泛，也是科技水平最高的，当属虚拟现实在军事领域的应用。

一、军事应用

　　虚拟现实，在现代化军事技术中的应用，主要是围绕着无人机战略来展开的。

　　无人化战争，是当今军事技术的发展趋势，而通过虚拟现实技术就能实现此目的。

　　利用虚拟现实技术的强大三维场景建模能力，以及仿真的画面和环境，军事指挥官可以如同亲临前线，掌握对手情况以及战场的实时动态。

在很多电影中，我们可以看到最新的无人战争的发展。比如通过无人机实现远程遥控，并在后方完成监控、调配、攻击和评估等。利用虚拟现实技术，无人机管理员可在屏幕上跟踪远在几百公里之外的对手的运动轨迹，动态调整无人机运动方向，使得军事攻击能够顺利达到其目标。

未来，随着虚拟现实技术在军事中的应用的扩大，其发挥的威力也会更大。

第一，虚拟现实技术能够构建虚拟的战场环境。所谓"知己知彼，百战不殆"，人类的战争，就是建立在情报和资料之上的谋略的较量。对于战场的实际环境的熟悉程度，当然是越高越好。而通过相应的三维战场环境图形图像库，给予士兵完整的作战背景、战地场景、火力装备的信息和体验，对于参战人员来说，几乎是和生命一样宝贵。

目前来说，人类采用军事卫星、遥感技术，一直在努力达到这个目的。在西方国家军队发起的几次小规模地区冲突中，大多采用航空照片、卫星影像和数字地形数据来生成高分辨率的作战区域三维地形环境，为参战士兵创造一种真实模拟、身临其境的立体战场环境，以增强其临场感觉，提高训练质量，因此大大减少了执行任务的难度和伤亡率。

第二，对未来高科技单兵种的训练。

目前，对单兵的虚拟现实技术研发，主要是围绕三维图形可视化生成系统、全封闭立体头戴式显示器、三维交互式声音合成技术、高性能图形工作站、实时反馈和交互系统等。

其三维图形生成系统，不仅能够生成逼真的大范围虚拟地形环境，模拟不同自然环境如雾天、雨天、暴风雪等各种战斗条件，而且还能

够合成出逼真的三维空间声音的效果，能处理虚拟的战争中各种爆炸和冲击波的生理反馈。

而在实战当中，虚拟现实的各个技术，也能给士兵带来巨大的优势。比如可视化的头戴式显示器，就能够实时传输各种重要的战场资料和数字，帮助士兵提升战斗力，扩大取胜概率。

有公开新闻报道指出，美国军人接受过模拟训练系统培训的，已经高达八成以上。而美国也出现了很多公司，帮助步兵师在虚拟的战场进行训练。比如佛罗里达州 Raydon 公司的虚拟勇士互动系统（VWI），就能够提供步兵的综合训练，与仿真的坦克、装甲车和直升机进行互动。

第三，也是最关键的一点，通过虚拟现实的网络，进行全实时协同作战。

人类为何一直在投注以巨大的代价，来提升信息数字的采集、分析和传播能力呢？试想一下，如果每个战场数据，每个实时变化都能传输到指挥中心，而每个步兵都能和后方每颗导弹实现数据共享，那该是多么恐怖又令人激动的一个画面。

运用虚拟现实技术，可以实现分布式交互仿真。而在现代高速网络通信下，通过作战中心的控制和调配，就能实现各个作战单位协同来实现不同地域、相同环境的作战。

实际上，美国陆军早已经有了这样的模型。美军的"近战战术训练系统"，采用先进的主干光纤系统网络并结合分布式交互仿真，建立了一个虚拟作战环境，能够仿真包括坦克、战车等多种武器装备，完成和作战人员的完美配合。在美国肯塔基州克斯堡的乘车作战实验室里，坦克驾驶员不必离开房间，就可操纵坦克模拟器穿森林，过雪地。

有了实时的虚拟现实系统，军队指挥官能够大大提升作战的指挥决策能力。通过对获取的情报数据在三维战场环境上合成逼真的三维战场态势场景，有利于指挥人员更加形象地把握整个战场态势，辅助指挥人员进行决策。有了这些特征数据和图像特征，在作战之前指挥官就能够快速将复杂战场态势可视化，使指挥员及其参谋人员能灵活使用二维或三维动态显示系统，更有效地制定任务计划和演练，评估行动路线，保持对战场态势的认知。

此外，虚拟现实毕竟是一个建立虚拟信息的技术，那么对于网络黑客来说，更是有用武之地。

黑客战，也称信息网络虚拟战。是以计算机成像、电子显示、话音识别和合成、传感等技术为基础实施的信息欺骗。它通过信息网络某一节点，把己方计算机与对方联网，或战前通过各种途径将自己的窃听程序植入敌方的指挥控制信息系统中，把己方的虚拟信息即假情报、假决心、假部署传输给敌方，迷惑敌人，诱敌判断失误。

西方军事评论家认为，在虚拟现实上，美军已经远远走在了世界的前面。美国在沙漠风暴、巴尔干半岛、阿富汗和伊拉克战争的低伤亡率，很大程度上是源于平时的作战模拟训练。而这种模拟训练，就是一个完整的虚拟现实系统，充分运用环境虚拟等一系列技术，实现了全方位、多层次、多角度呈现战场态势的表现。

在高新技术武器开发的过程中，早已经大量地采用虚拟现实技术，设计者可方便自如地介入系统建模和仿真实验全过程，让研制者和用户同时进入虚拟的作战环境中操作武器系统，充分利用分布交互式网络提供的各种虚拟环境，检验武器系统的设计方案和技战术性能指标及其操作的合理性，缩短了武器系统的研制周期，并能对武器系统的

作战效能进行合理评估，从而使武器的性能指标更接近实战要求。

在航空母舰、战斗机、坦克等重型武器的设计中，虚拟现实早就是极为核心和关键的技术因素。比如飞机的风洞实验，现在也基本是交由大型计算机进行模拟和运算。据说，美国研发新型战斗机，在研制的过程中采用虚拟现实技术，不仅能够实现三维数字化设计和制造一体化，而且使得研制周期缩短50%。

不久前，美国最新型的福特号航空母舰正式下水。这是目前全球技术最先进，武器最强大的航空母舰。而这艘巨大的航空母舰，全部图纸都是由计算机虚拟设计而成，并没有任何纸上的图纸。

除了军事用途之外，虚拟现实在社会建设方面的应用领域，那就更为广阔了。

二、民用

人类全面进入数字化和智能化时代以来，数字地理系统就非常重要。除了日常的定位之外，数字地理在工程测绘、施工建设等方面都具有广泛的应用。

虚拟现实技术，在数字地理测绘中，具有非常重要的作用。利用虚拟现实技术的三维场景模型和多感通道编辑功能，来对三维地物进行视觉的仿真，具有逼真的感觉。

而在专业测绘中，对于各类空间三维数据，包括地形、海拔、居民点、交通线等的三维数据；是生成空间定位地形图像的基础。与之相配合的是地面影像数据库，这是根据已定位的航空照片与卫星照片数字化而成，是构成地形三维图像的重要数据来源。

三维空间的信息可视化，一直是工程行业特别关注的。因为一切社会建设，都要建立在这个基础之上。而更高级的"数字地球"和"智慧城市"等移动互联网时代的智能社会，更是需要这个基础，才能实现以IP连入为节点的物联网络。

在制作数字地理地图时，主要涉及以下几项重要技术的考验。

一是如何引入强大的三维场景构建技术，构造三维地形模型，制作各种地标环境，真实地再现自然景观；二是如何实现接口和平台的开放性和共享性，利用其他的环境编辑器对环境进行渲染；三是如何实现多层次、多维度的视觉画面的渲染，特别是专业的多感通道编辑器对以视觉为主的感觉进行仿真，使用户能以真实的感觉"进入"地图；四是能否提供开发工具，比如数据手套、头戴式显示器等交互工具，可以从庞大的数字地理数据库中提取出想要的数据结果，从而提供全套的分析应用工具，模拟人在现实环境中进行工作，如距离量算、面积计算等。

而这些强大的功能，实际上都包含在虚拟现实技术之中。当虚拟现实强大的计算能力、交互能力和体验能力都实现了非常好的效果之后，数字地理地图的这些需求，都能够得以满足。

而在工业设计中，虚拟现实技术，将引来革命性的突破。虚拟现实技术，对于人类的工业设计、制造，对于社会生产力的推动，真的是改天换地的进步。

首先，虚拟现实技术，改变了人类工业设计和制造的全部流程。

虚拟设计（Virtual Design），这个建立于虚拟现实基础之上的一个分支应用，是指设计人员通过计算机平台，来虚拟出一个成形工业产品，并进行各项工业测试和功能测试。

　　虚拟现实技术用于产品的开发设计，彻底摆脱了过去实际制造出无数样品的重复过程，在一个强大的虚拟平台上，能够模拟出这个实际产品，并且对其进行分析和研究、检查设计功能、检测产品缺陷，进行产品升级，大大提升了工业效率和生产力效率。

　　一般的虚拟设计系统，包括虚拟环境生成器和外围设备。前者是虚拟设计系统的主体，后者是交互系统。

　　环境生成器，实际上就是一个包括各种数据库的高性能图形工作站。它由计算机基本软硬件、软件开发工具和其他设备组成，可以根据任务的性能和用户要求，在工具软件和数据库的支持下产生立体的、模拟现实环境下的情景和实例。

　　而外围设备，是指人机交互系统以及数据传输、信号控制等装置。目前虚拟设计系统的交互技术，主要集中于视觉、听觉、触觉三个方面，这些输入和输出设备是虚拟交互的主要方式。目前，世界上多家公司已经开发出了头戴式显示器、数据手套、三维声音处理器、视点跟踪设备、数据衣、语音输入平板等若干种智能交互工具。

　　举个最常见的例子，目前广泛使用的CAD设计系统，其实也是虚拟设计。利用高性能计算机平台的CAD软件，设计并产生模型，将其输入到虚拟现实软件的环境中，就完成了虚拟产品的设计。

　　下一步，用户充分利用各种外围的交互设备，如头戴式显示器等产生临境感。再把产品的重量、材料特性、表面硬度以及一些内在的物理性能、功能作用等信息都输入到虚拟现实系统之中，计算机就拥有了判断产品外部性能和内在结构的能力。

　　目前，虚拟设计技术，已经可以做到让设计者直接在虚拟环境中完成设计，并能够综合考虑产品的外形设计、布局设计、功能运动和动力仿真设计等。

而在设计之后，就是虚拟制造了。

按照教科书中的标准说法，虚拟制造（virtual manufacturing），是指实际工业制造过程在计算机平台上的映射。即采用计算机仿真与虚拟现实技术，在高性能计算机软件平台上，实现产品设计、工艺规划、加工制造、性能分析、质量检验以及工业生产各个过程的管理与控制。

由于应用的不同要求，虚拟制造也有几种不同的类型：以设计为中心的虚拟制造、以生产为中心的虚拟制造和以控制为中心的虚拟制造。

比如，减速器壳体成型的设计，需要利用数值模拟和物理模拟方法，对金属材料热成形过程进行动态仿真，预测不同条件下成形材料的组织、性能及质量，进而实现热成形件的质量与性能的优化设计。这就是以设计为中心的虚拟设计。

而对于轴、齿轮等零件加工过程仿真，这是通过虚拟加工，选择最佳的机床、刀具、路径和加工参数，分析和评定产品设计的合理性、可加工性、加工方法以及加工过程中可能出现的加工缺陷，这就是以加工为中心的虚拟制造。

而最后一种，则是利用专业的虚拟样机，对产品的全寿命周期进行展示、分析和测试，对存在问题的地方进行修改，提高产品一次试验成功率，减少设计制造费用，缩短设计开发周期，优化设计、保证质量。这就是以控制为中心的虚拟制造。

虚拟现实技术对于农业同样具有巨大的推动作用。

随着信息技术的不断发展和进步，虚拟现实技术正逐步向农业渗

透，并展示了良好的发展势头和巨大的应用潜力。

虚拟植物，是指利用虚拟现实技术，模拟植物在三维空间中的生长、发育过程。虚拟植物能够精确地反映现实植物的形态结构，极具真实感。利用虚拟植物技术，我们可以在电脑屏幕上设计农作物，然后再进行实际培育或用基因工程技术繁殖出真实的农作物，使农作物新品种具有虚拟植物的理想性状。

虚拟动物，是指利用计算机可视化地模拟动物在各种营养物条件下的生长过程，用户操作计算机不但可以了解动物生长全过程中各种物质的积累情况，而且还可以从不同视角了解动物的逼真形态。在计算机支持下，一次模拟实验只需几分钟即可得到实验结果，大大加快了实验的速度，减少了实验的投入，而且可以完成在自然条件下难以得到的实验结果。

虚拟立体农业，主要是指通过对光资源利用的模拟，实现对立体农业的优化管理。特别是在节水、实验等方面，都可以实现很大的作用。

比如节水，可以模拟不同作物、不同株型、不同节水型的灌溉方式和不同的栽培管理措施，以及模拟自然降水过程对水分的吸收利用状况，来实现水分最大的利用效率。

而在教学、科普教育和农业科技推广领域，也可以利用虚拟植物模型建立虚拟农场，让学员在计算机上种植虚拟作物，进行虚拟农田管理，直观地观察作物生长过程及最终结果。利用这种方式，可以替代在现实世界中难以进行的实验，或者是费时、费力和费钱的实验。

更高层次的虚拟规划，就属于城市规划的范畴了。

比如利用虚拟农业技术，可以进行农业布局的虚拟。在观光农业中，可以模拟采摘、销售、观赏、垂钓、游乐等活动，为旅客设计合理路线，让旅游者最大限度地参与、亲自体验。也可以进行农业片区规划，模拟粮食生产与多种经济作物合理搭配种植；模拟农、林、牧、副、渔业相结合的农业可持续发展模式。最终，还可以利用虚拟农业技术模拟环境、生态、科技、生产、观赏为一体的城市农业综合发展模式，便于决策、实施，充分合理地利用城市空间和优越条件，发展未来农业。

而虚拟现实技术，在科学研究方面，具有无比庞大的想象空间。

比如目前流行的温室气体和地球变暖问题，也有专业的虚拟温度分析系统。利用这个技术，将数据、材料、模型、物理属性和高级算法整合成为一个研究平台，研究温室气体对外界环境的反应。同时，综合考虑温室气体的大气传热和流体属性，将地球变暖给环境和气候变化带来的影响结合起来，就能比较准确地进行预测和预报温室气体对自然界的影响。

虚拟实验系统在技术上已经很容易实现，目前主要采用建模工具软件，如3D MAX、Multigen Creator、Maya、Solid works等进行环境建模；再利用虚拟现实技术开发工具和平台提供的强大引擎和SDK工具包实现场景的实时绘制、仿真和交互操作等功能；最后优化并生成特定文件格式的虚拟现实产品并发布。目前使用的虚拟现实技术的开发工具和平台有Java3D、Open GVS、VRML、Cult3D、EON、Quest3D、Virtools等，不同的技术各有其特点。

总之，虚拟现实技术是一系列高新技术的综合，它本身正处在高速发展之中。虚拟现实技术在实际中的应用价值已被人们所认识，新技术的引入必将改变各应用领域的面貌。

最激动人心的部分来了！

虽然虚拟现实技术如此不凡，但它在军事、工业、科研等领域的应用，毕竟离人们的生活还有些遥远。那么，经过人类一代又一代的科研积累，通过虚拟现实在科研和工业上的进步，会给人类的社会生活，带来哪些革命性的变化呢？

简而言之，虚拟现实，会给我们每个人，生活的每个方面都带来翻天覆地的变化。

虚拟现实技术，能够给医疗行业带来非常大的历史性的进步。首先，基于图像采集和传输，使得远程医疗和诊断变得更为方便快捷，而这种技术目前也早已实现。更重要的是，医生和治疗师们正尝试通过创建个性化的虚拟现实情境来治疗心理疾病，例如美国南加州大学创新技术学院就推出了一种虚拟现实疗法，用于治疗创伤后应激障碍，而伦敦一家公司也利用虚拟现实技术来治疗恐惧症。

由于技术限制，传统的治疗恐惧症的暴露疗法在操作上时常存在障碍，并可能会因为操作的不可控制使病患精神崩溃。通过虚拟现实技术，将利用头戴式显示器等设备为病患创造一个高度仿真的世界，医生可以根据病患在虚拟环境里的情况，随时调整环境的恐怖程度，甚至还可以与病人一同进入那个虚拟的环境里，和他一同体验特定的温暖世界，给病人带来效果更佳的治疗。

虚拟现实，意味着更快、更高质量的图形；更便宜、更完善的输入、输出设备；更快的计算机处理能力。这些方面的改进，将会影响到虚拟现实技术在实际应用中的各个方面，包括虚拟环境内的视觉、听觉质量。那么，直觉会告诉你，三维视频技术，最新会应用在哪里？

没错。答案就是电脑游戏和影视作品。

电脑游戏作为一个庞大的市场，无疑将会全力推进虚拟现实技术的发展，因为这不仅会大大提升游戏的效果，更能拓展巨大的市场。目前大多数游戏玩家，只是集中于手机端游戏和网络版游戏，但高端的参与感强烈的游戏，一直备受人们喜爱。再高清的画质和再好玩的场景，都远远比不上自己亲自浸入到游戏之中的那份刺激。

在网络游戏的设想中，头戴式显示器是虚拟游戏的必备物品之一，其人物控制主要靠内置陀螺仪以及大脑短波接受反馈器实现，服务器则是被称做为主脑的智能电脑。这种头戴式显示器带有高虚拟现实度，让人如在现实中一般。

2016年年初，美国游戏公司Oculus在旧金山游戏开发者大会上公布了Oculus the Rift虚拟现实设备的第一批30款游戏，被誉为虚拟现实游戏批量推向市场的标志性事件。而索尼、HTC、三星、微软都纷纷推出了自己的虚拟现实头戴式显示器。但目前的这些头戴式显示器，技术上依然处于不太成熟的阶段。比如索尼2015年推出的Project Morpheus，还只能实现模拟走钢丝的游戏。

除了游戏之外，虚拟现实的电影市场，也将是一个全面突破的万亿市场。

2016年年初，世界上第一家虚拟现实电影院在阿姆斯特丹开业了。Samhoud media公司推出的这个电影院，可以提供很多种不同的虚拟现实体验。这家影院可同时容纳最多50名观众，每一个座位都附带三星Gear VR+Galaxy S6的组合，音频体验则是由森海塞尔HD 201耳机所提供，座位也都是360°旋转的。

目前，在虚拟现实的电影技术中，相对比较成熟，并投入使用的

主要是两种技术方式。

一种是3D虚拟影像撷取摄影系统。这是很早以前由詹姆斯·卡梅隆和文斯·佩斯共同开发出来的，它使用两台索尼HDCF950 HD摄像机来创造出具有立体实感的环境，使观众在享受更强更动感的立体效果的同时，又不会感到头晕。这种3D电影，目前已经得到了非常广泛的使用，但严格来说，这只是最初级的虚拟现实电影的一种尝试。

另一种，则是在技术上，先进了一大步。动作捕捉也称Motion capture，是指在运动物体的关键部位设置跟踪器，由系统捕捉跟踪器位置，再经过计算机处理后向用户提供可以在动画制作中应用的数据。这项用于动画制作的运动捕捉技术的出现可以追溯到20世纪70年代的迪斯尼，他们就曾试图通过捕捉演员的动作以改进动画制作效果。后来的《猩球崛起》中，这项技术更是被运用到了极致。它能把一只大猩猩，表现得和人类一模一样，这本来就是虚拟现实在画面和动作上的胜利。

但实际上，目前的电影，依然不算虚拟现实电影。虚拟现实的实现方式比3D电影更为复杂，技术更为高端，真实感也更为广阔和强烈。虚拟现实模拟产生三维的虚拟世界，可以让人们置身于其中，就仿佛处于真实世界里，人们仿佛能触摸到包围着自己的画面，不仅是视觉上的体验，还有味觉，触觉，嗅觉等各种感官上的体验，让人完全沉浸在这个虚拟的三维环境之中，感情也能随之而变化。最重要的一点，身处于虚拟现实生成的全景视频里，人们可以做自己的主宰，指点江山、挥斥方遒，随心所欲、畅想一切……

而由于虚拟现实技术在表现力上的超强表现，注定了它将改变人类的商业历史，无论是商品推荐，还是旅游体验，都会带来翻天覆地的变化。

比如，在房地产行业中，虚拟现实在房地产销售中的作用，就处于特别重要的地位。用虚拟技术不仅可以十分完美的表现整个小区的环境，设施。还能表现不存在但即将建成的绿化带，喷泉，休息区，运动场等。不仅如此，用户还能在整个小区中任意漫游、仔细欣赏小区的每一处风景，这就大大刺激了浏览者的购买欲望。

一般来说，房地产的虚拟现实应用，主要在可视化互动展示方面。可以实现整体地形、地貌风格交互场景；主要街道和路网重点交互场景；建筑及景观局部交互场景；绿化及景点布置表现的互动展示；外围环境与开发区风格统一表现；客户指定对象的交互功能；不同方向、不同角度的视野景观等。

而在产品设计、装潢设计方面，虚拟现实技术，也能够实现更多的功能。首先，虚拟现实技术具备的高性能计算能力，能够大大提升设计的效果。实时三维渲染要求计算机在仿真程序运行时要有30～60Hz的图形更新率，也就是说，将当前三维场景渲染为一幅画面的时间仅在0.03～0.16s。这是什么概念呢？想一想动画软件渲染出一幅图需要多长时间吧！大家都知道，运用电脑渲染一张三维的高品质的效果图是需要相当长的时间的，这是通过计算机内部的软件算法来计算出整个空间的物体，光线，材质纹理等。一般情况下一张高品质的效果图少则需要几分钟，多则需要几个小时的时间。

而虚拟现实技术则是更多地运用计算机硬件本身的机能，以每秒30～60次的渲染和刷新速度对整个三维场景进行实时渲染。而且制作精良的场景在动态效果下绝对比单张的效果图给人的冲击力更强！

运用虚拟现实技术，不但可以让人在整个三维空间中自由穿梭、

探索和观察，而且能够很好地与用户和环境产生互动，如进入虚拟的房间，打开一扇门，打开电视，打开壁灯，挪动沙发，更换一下墙面的墙纸，更换一下木地板。

客户不仅能十分完美的表现室内的环境，而且能在三维的室内空间中自由行走。还能用虚拟现实技术做预装修系统，可以实现即时动态的对墙壁的颜色进行更换或贴上不同材质的墙纸，还可以更换地面的颜色或贴上不同的木地板、瓷砖等，更能随意移动家具的摆放位置、更换不同的装饰物。这一切都在虚拟现实技术下将被完美的表现。

虚拟现实技术，能够实现完全三维立体空间场景。这对于高端住宅，高档轿车以及飞机等需要完美的客户体验的销售，都有非常好的效果。花几分钟或者几小时渲染出来的一张效果图，只是平面的，浏览者如果想观看其他角度、其他细节的话，在这一张效果图上肯定无法实现，只能将调整角度和细节的部分再次渲染，这个过程是冗长、重复和复杂的。

而运用虚拟现实技术，则不存在这个问题，你完全可以在一个制作精良的三维场景中自由穿梭，前、后、左、右、上、下完全不受约束，画面以每秒60次的更新速度在不断变换着场景，浏览者马上会下意识的投入和沉浸在虚拟的场景中进行自发性的探索和观察。

购物永远是一个大的商务活跃点，"衣食住行"这个词淋漓尽致地体现了人们生活的主体，"衣"排在了最前面也说明了"衣"在生活中的重要性，特别是女性的衣服，占据了服装行业的绝大部分经营市场，网店虽然在近几年抢占了一部分女装的实体店生意，但是更多的互联网达人，特别是女性还是希望到实体店去试衣购衣，这样才能找到适合自己的衣服。正是基于此，所以实体店才有存在的基础，互联网经济不可能完全替代它。

但是如果让女性能在家里完成试衣过程，并且在网上找到适合自己的衣服，相信她们绝大多数会选择网购，而不是逛实体店。那么怎样才能打破现状开创全新的网络经济时代呢？答案是：虚拟现实技术能够打破这个壁垒实现全新的虚拟现实网络经济时代。让所有服装的数据走进互联网，让人体的3D数据进入互联网，虚拟现实就能实现逛实体店的感觉，人们就能找到自己想要的服装，那么新的互联网模式就诞生了，这就称之为虚拟现实互联网经济时代。

而这个产业革命的机会，甚至能够诞生出超越、颠覆淘宝网的新生商业巨头。

21世纪的人类社会是信息化社会，以信息技术为主要标志的高新技术产业在整个经济中的比重不断增加，多媒体技术及产品是计算机产业发展的活跃领域。虚拟现实理论与技术的应用，使设计思路和设计表达如虎添翼。它是随着科学和技术的进步、军事和经济的发展而兴起的一门由多学科支撑的新理论技术，可以很好地面对市场全球化的要求，并且有助于人们更好地去解决资源问题、环境问题与需求多样性问题。与传统开发设计的产品相比，大大减少了投放市场的风险性，也为企业决策人寻找商机、判断概念产品能否进一步开发生产，提供了更好的依据，也为人类的生活和工作提供全新的信息服务。

虚拟现实技术，必将全面改变人类生活。

第 **5** 章

商业模式

　　伴随着虚拟现实技术的发展及在各领域的推广应用，一个全新的"VR+行业"的时代徐徐拉开帷幕，那是相对成熟的虚拟现实技术与电商、旅游、体育、社交结合，形成的全新消费场景和商业形态。由此创造的"未来虚拟世界"也将成为人们生活的一部分。尤其，伴随着人工智能技术的进步，"VR+AI"将创造科幻级的虚拟世界，给予人类想要的一切。

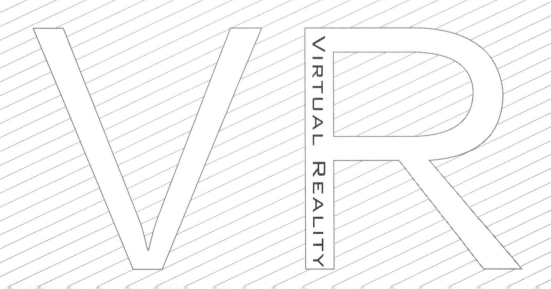

　　本章，我们将重点阐述虚拟现实技术的商业应用，并简单介绍围绕虚拟现实技术可能产生的各种商业机会和商业模式。

　　美国作为VR虚拟现实技术的发源地，其研究水平基本上就代表了国际VR的发展水平。目前美国在该领域的基础研究主要集中在感知、用户界面、后台软件和硬件四个方面。美国宇航局（NASA）的Ames实验室研究主要集中在以下方面：将数据手套工程化，使其成为可用性较高的产品；在约翰逊空间中心完成空间站操纵的实时仿真；大量运用了面向座舱的飞行模拟技术；对哈勃太空望远镜的仿真。该实验室现在正致力于一个叫"虚拟行星探索"（vPE）的试验计划。现在NASA已经建立了航空、卫星维护VR训练系统，空间站VR训练系统，并且已经建立了可供全国使用的VR教育系统。北卡罗来纳州州立大学（UNC）的计算机系是进行VR研究最早的大学，他们主要研究分子建模、航空驾驶、外科手术仿真、建筑仿真等。Lomal Anda大学医学中心的David Warner博士和他的研究小组成功地将计算机图形及VR的设备用于探讨与神经疾病相关的问题，首创了VR儿科治疗法。麻省理工学院（MIT）是研究人工智能、机器人和计算机图形学及影视动画的先锋，这些技术都是VR技术的基础，1985年MIT成立了媒体实验室，进行虚拟现实环境的正规研究。华盛顿大学华盛顿技术中心的人机界面技术实验室，将VR研究引入了教育、设计、娱乐和制造领域。

　　此前不久，史蒂芬·乔布斯的遗孀劳伦娜·鲍威尔·乔布斯也为华盛顿领导力学院（Washington Leadership Academy）捐赠了1000万美元用于其VR项目。

　　在VR开发的某些方面，特别是在分布并行处理、辅助设备（包括触觉反馈）设计和应用研究方面，英国是领先的，尤其是在欧洲。英国主要有四个从事VR技术研究的中心：Windustries（工业集团公司），是国际VR界的著名开发机构，在工业设计和可视化等重要领域占有一席之地；BritishAerospace正在利用VR技术设计高级战斗机座舱；Dimension International，是桌面VR的先驱，该公司生产了一系列的商业VR软件包，都命名为Superscape；Divison LTD公司在开发VISION、Pro Vision和supervision系统／模块化高速图形引擎中，率先使用了Tmnsputer和i860技术。

此外，日本主要致力于建立大规模VR知识库的研究，在虚拟现实的游戏方面的研究也处于领先地位。京都的先进电子通信研究所（ATR）正在开发一套系统，它能用图像处理来识别手势和面部表情，并把它们作为系统输入；富士通实验室正在研究虚拟生物与VR环境的相互作用，他们还在研究虚拟现实中的手势识别，已经开发了一套神经网络姿势识别系统，该系统可以识别姿势，也可以识别表示词的信号语言。日本奈良尖端技术研究院教授千原国宏领导的研究小组于2004年开发出一种嗅觉模拟器，只要把虚拟空间里的水果拉到鼻尖上一闻，装置就会在鼻尖处放出水果的香味，这是虚拟现实技术在嗅觉研究领域的一项突破。

客观来说，虚拟现实发展的供给端，产品呈现依赖于技术的成熟，目前初显雏形；需求端，等待杀手级应用激活，大概率出现在游戏领域；未来更大市场规模的爆发，依赖于技术瓶颈的突破，取决于眩晕的解决、行业标准的建立，困于多产业、多场景的复杂融合，虚拟现实技术的发展与突破将成持久战。

当然，虚拟现实技术会率先应用于军事、科技、医疗、教育等方

面，因为这些专业领域，对全身心的侵入感的要求不那么苛刻，而是更加注重专业功能和数据成果。但如果真的要说"虚拟现实"时代到来的话，那就一定是走入千家万户，改变人类时空限制，使人足不出户便游遍世界的民用产品风靡世界。

在这个时代，将会进入"VR+行业"阶段，相对成熟的虚拟现实技术，与电商、旅游、体育、社交结合，形成全新的消费场景和商业形态，接近Facebook CEO扎克伯格所说的"下一个计算平台"。

更进一步，VR可以创造出逼真的"虚拟世界"，成为人们生活的一部分。最终，无数个虚拟世界相互打通，最大程度地实现生活的虚拟化。随着人工智能（AI）技术的进步，"VR+AI"将创造出科幻级的虚拟世界，给予人类想要的一切。

但在此时此刻，在虚拟现实技术万里长征刚刚走出第一步的时候，让我们心怀憧憬，脚踏实地，大致速览一下虚拟现实技术可能的产业链条和商业模式。

虚拟现实产业链长，产业带动比高，涉及产业众多，包括虚拟现实工具与设备、内容制作、分发平台、行业应用和相关服务等在军事、民用以及科研等方面的各种应用。目前在国内形成了以北京航空航天大学、清华大学、工业和信息化部电子工业标准化研究院、浙江大学等各大高校、研究院所和高科技公司联合研究开发制作，产学研密切结合的良好发展局面。

虚拟现实产业链中，工具和设备类可细分为输入设备、输出设备、显示设备、拍摄设备以及相关软件等；内容制作可细分为影视、游戏等内容；分发平台可细分为应用商店、社交影院、实体体验店、网店、播放器等内容；行业应用可细分为工业、军事、医疗、教育、房地产、旅游、会展等内容；相关服务可细分为平台、媒体和孵化器等内容。由于虚拟现实产业涉及从基础硬件生产、软件开发、核心部件制造、实体以及网络分发平台、营销与服务等众多军事、民用领域，需要在国家统一协调和管理下，通过技术标准体系以及关键标准的制定、标准符合性检测和相应的质量验证系统的支撑，才可以使产业健康可持续发展。

虚拟现实技术演进方向，实质是构建一种人为的能与之进行自由交互的"世界"，在这个"世界"中参与者可以实时地探索或移动其中的对象。沉浸式虚拟现实是最理想的追求目标，实现的方式主要是戴上特制的头戴式显示器、数据手套以及身体部位跟器，通过听觉、触觉和视觉在虚拟场景中进行体验。可以预测短期内游戏玩家可以戴上头戴式显示器、身着游戏专用衣服及手套真正体验身临其境的"虚拟现实"游戏空间，它的出现将淘汰现有的各种大型游戏，推动科技的发展。

军事领域，是最早研究和应用虚拟现实技术的。早在1983年，美国陆军就曾制定了虚拟环境研究计划，将分散在不同地点的坦克、车辆仿真器通过计算机网络联合在一起，形成一个虚拟战场环境，进行各种复杂任务的训练和作战演练等。而从1994年开始，美国陆军与美国大西洋司令部合作建立了一个包括海陆空所有兵种、3700多个仿真实体参与的，地域范围覆盖500km×750km范围的军事演练环境。

在医疗方面，虚拟现实技术更是大有作为，具有十分重要的现实意义。通过在虚拟环境中建立虚拟的人体模型，借助HMD、跟踪球、数据手套等设备，医生就会很容易了解人体内部各器官的结构。20世纪90年代初，皮珀医生和其他研究者基于SGI工作站，建立了一个

虚拟外科手术训练器，用于腿部及腹部外科手术模拟。这个训练器虚拟了真实的手术台与手术灯、外科工具如手术刀、注射器、手术钳等，还模拟了人体模型器官。借助于HMD及感觉手套，使用者可以对虚拟的人体模型实施手术。随着该技术在医学领域的应用，必将会减少手术风险，大大造福患者。

最近，一家总部位于阿姆斯特丹的VR公司WeMakeVR，最新发布了一个360°全景视频，展示了利用虚拟现实技术3D Systems培训医生的功能。这个虚拟现实培训模块，旨在通过逼真、方便的虚拟培训缩短学习时间，为医生提供了一个极端真实的解剖环境以帮助其安全、反复地练习这个手术所需要的技术和步骤。

一个在明尼苏达州出生的女婴Teegan Lexcen不久之前刚捡回了性命，现在已经4个月大了。有意思的是，在拯救她的那场7小时手术中，虚拟现实（VR）技术起到了很大的作用。

Teegan 2016年8月份出生时就有很严重的先天缺陷，内脏发育不全：只有右边的肺脏，心脏的左半部分发育不全，位置还有些偏差。这种情况造成了血液从心脏流出时发生阻塞，危及到了Teegan的生命。

参与病例诊断的心血管外科主任Redmond Burke、心脏核磁共振主任Juan Carlos Muni想出了一个方法来获取较为清晰的内脏观察：将CT扫描的二维图像导入到iPhone后，用SketchFab应用将这些二维图像转变成3D图像，然后用纸质VR眼镜（Cardboard）进行观察。

结合了虚拟现实技术的GrImage栅格影像技术因为融合了视觉效果、物理仿真和实时功能，也是新一代虚拟空间应用的重要方面。这项技术使用了多种复杂软件，通过精确的3D数据运算，建立了高质量的3D模型。在物理仿真方面使用了SOFA软件，根据物体的曲线图构建多种实体模型，包括可变形的模型和碰撞模型等。当把任何一件物品放入作用空间中时，GrImage就会立刻在虚拟空间中进行三维建模，将其变成或软或硬的虚拟物体。

虚拟现实交互技术可以把虚拟物体变成我们可触及的东西，你可以推、抓，甚至挤压它们。它能在相互空间中俘获真实物件，利用三维建模实现高质量的虚拟克隆，变成用户可触及的东西，缩短生活中重要的人员、地点和活动之间的距离（社区、工作地点、玩游戏、教学等）。通过使用这项技术，我们可以在虚拟世界中实现更多的惊奇体验，比如在虚拟空间中见面握手。

也许，你会认为虚拟现实技术离我们的生活仍然很遥远。但是实际上，目前世界许多公司已经使用虚拟现实技术进行产品的网上宣传了。客户通过鼠标、键盘等简单操作就可以了解到产品的详细情况。比如海尔公司的冰王子电冰箱，客户只需在网页上，使用鼠标就可拖拽旋转冰箱；单击冰箱门可以打开冰箱，再单击关闭；可以任意抽拉里面的部件；使用控制按钮可以控制冰箱执行动画演示以及规定的展示动作。

或许，这个世界本来就是无所谓真实与虚拟，人们按照自己的设想构建了现在的所谓真实世界之后，又去构建一个与之相对的虚拟时空。无论是将真实虚拟化，还是将虚拟真实化，只要能够让我们的生活变得更加便利、更加丰富多彩，那么就会是人心所向的真实存在了。

为什么虚拟现实技术，能够彻底地改变人类的生活方式？

虚拟现实技术能够在计算机中构造出一个形象逼真的模型，人与

该模型可以进行交互操作，并产生与现实世界中相同的反馈信息，使人们得到与在现实世界中同样的感受。当人们需要构造当前不存在的环境、人类不可能到达的环境或构造虚拟环境以代替耗资巨大的现实环境时，虚拟现实技术是必不可少的。

这句话是什么意思呢？大概就是日本宅男的升级版。人类完全可以和虚拟现实产物产生真实的情感，并投入理智和感情，从而实现了人格上的拟人化。

一家叫做SpaceVR的创业公司，在Kickstarter上发布了一个12角度的国际空间站视频阵列项目。它将会360°全景记录国际空间站的一举一动，并制作成VR视频。该项目计划每周提供新的素材，采取订阅形式。如果未来项目开展顺利，你甚至可以看到自己太空行走等事件的录像。

从心理学上讲，人是一种社会动物，总是有一种亲和心理，总是渴望沟通的。按照马斯洛的需要层次论来说，人类满足了生理需求、安全需求、社交需求、尊敬需求后，对自我实现的需求有着强烈的欲望，他们渴望在这个虚拟的网络社会满足他们的欲望。现实社会和虚拟的网络社会是紧密联系但又完全不同的两个实体，人们在现实社会中的诸多问题可以在虚拟的网络世界得以实现。既然用户有这种强烈的需求，所以我们的产品——基于虚拟现实技术的网络世界在用户需求方面是有着很大的市场的。

从现实应用角度来分析，虚拟现实的生动性和交互性是文字信息所无法比拟的，而推出这一产品的公司，就如同拥有了一家电视台，它的媒体价值是无法估量的。

从市场前景及利润角度来分析，虚拟现实技术目前最大的问题，即如何利用这一新兴媒体来赢利。一个一直浮动在桌面上的客户端，其广告位是有限的。基于虚拟现实技术的网络社会不存在这一问题，用户在做好的三维场景里漫游、交流，如同现实社会一样，他会不经意地发现一些广告牌，他甚至会很有兴趣地参加一些广告活动。因此虚拟网络世界的媒体价值远远大于目前的网络门户，这将解决了它的盈利问题。

虚拟现实的网络社会，将是一个开放的系统，更是一个不断完善的系统，任何有兴趣的人，都可以在网络上构建属于他自己的模型和场景。

根据美国Cyberedge机构的年度调查，全球虚拟现实市场现在每年的规模为240亿美元，还在以每年50%的速度快速增长。

而在国内，虚拟现实产品的市场，基本上还处于起步状态。只有个别的代理商从国外进口一些不成套的产品，如3D目镜等，完整的虚拟现实产品尚未遇见。这主要是因为，一方面，国内的虚拟现实技术和产品还处于研制开发阶段，还不成熟；另一方面，国外进口的产品，价格太高。因此，这个具有广泛用途的、最具前（钱）景的产品和巨大的市场，至今还没有人去做。初步估计仅娱乐应用方面，如果，国内10%的家庭拥有虚拟现实娱乐设备（如虚拟现实运动器材），就有500亿元人民币的市场。随着技术的完善和成本的不断降低，虚拟现实娱乐设备将逐步取代网络和电视等目前流行的家庭娱乐设施，成为每个家庭不可缺少的生活用品。

目前，在海外，虚拟现实技术已经拥有了很多实际应用产品。2015年9月的Oculus Connect[2]大会，Oculus宣布将在联合推出的三星Gear VR上发布大批新的专为VR设计打造的游戏，包括UsTwo

的《Land's End》，CCPGames的《Gunjack》， 以 及Mediocre的《Smash Hit》， 微 软Mojang的《Minecraft》，Epic Games的《Bullet Train》等；和21世纪福克斯、狮门影业等公司建立伙伴关系，未来也将携手Netflix和Hulu等流媒体视频服务提供商，以及亚马逊旗下的Twitch游戏直播平台为用户提供更多的内容。Facebook也在他们的新闻流NewsFeed里启用了360°的视频应用。

专业机构GDC的2016年2月调研报告称，16%的开发商正在开发VR游戏，一年前只有7%。VR开发者选择的平台依次是Oculus the Rift、三星Gear VR、Google Cardboard、PS VR和HTC Vive。

HTC已经在虚拟现实游戏中，投入巨大的资源。计划与HTC Vive消费版同时首发的12款游戏都已经发布预览：《太空海盗训练》、《工作模拟：2050档案》、《Arizona Sunshine》、《Final Approach》、《Audioshield》、《 精 英 ： 危 机 四 伏 》、《Budget Cuts》、《The Gallery：Call of Starseed》、《异想天开的机器》、《云之国：VR迷你高尔夫》、《Hover Junkers》和《Tilt Brush》等。

而在视频方面，索尼等影视大鳄，毫无疑问都在试水虚拟现实技术。除了世界首部电影——Oculus的《Lost》之外，很多虚拟现实电影都在跃跃欲试。

经典电影《黑客帝国》，实际上就是未来虚拟现实时代的科幻展现。虚拟技术的发展，诞生了很多智能可穿戴设备，类似于头戴式显示器的智能可穿戴设备已经随处可见。借助内置在头戴式显示器中的陀螺仪、加速度计等动作感应器，根据人头部的移动或转动来改变所显示的视频和音效，从而使人畅游在虚拟世界中。只不过，智能手机的感应器操控，是虚拟现实技术的最初级应用，像智能头戴式显示器这样的可穿戴设备，应该是虚拟现实技术的成熟应用。但是距离《黑客帝国》中"插管"喂养人类场景中的技术还有非常大的差距。

在过去几年中，在Netflix的示范效应下，亚马逊已经大手笔进入了影视原创领域。据美国一家科技媒体报道，亚马逊旗下负责影视原创内容的"亚马逊影业"，正在和多家公司洽谈，内容是制作虚拟现实影视内容。

国内目前也有专业的虚拟现实视频公司，比如兰亭数字。这是国内最著名VR内容提供商，前身是北京一家航拍团队，主要负责城市、景区的全景无人机航拍图片拍摄，是《中国国家地理》和《GEO》（德国国家地理）特约团队。

兰亭数字2014年开始涉足VR影像内容制作，2015年打造了中国首部VR电影《活到最后》，并成为第一部登录Oculus Home的国产视频内容。

虚拟现实的另一个商业模式，是虚拟主题公园。

比如，The Void在美国犹他州修建了一个占地8英亩的游戏中心，这是全球首个VR主题公园，这里可以战恶龙、火拼外星人。6～8人一组，每人支付34美元便可享受20分钟的游戏时间，场地大小为60英尺×60英尺，身背手提、头戴Oculus the Rift看VR，手摸1∶1的墙壁与设施，有风、水、雾、冷、热等效果，体验真实。它有一项重要创新是可以用很小的空间做很大的场景，人在走圈却以为在走直线。但它需要解决的一是装备的轻便性；二是对位置精准要求很高，VR需要外部摄像头的协助。

类似公司还有澳洲的Zero Latency和国内的身临其境体验店、主题馆等。

　　而虚拟现实另一大亿万价值的市场，就是虚拟现实社交网络。2015年11月，Culus Social社交应用低调接入三星Gear VR，在虚拟家庭影院里，大家顶着一个Minecraft头戴式显示器一起看付费电影与交谈，扎克伯格还曾与印度尼西亚总统Joko Widodo打了20分钟VR乒乓球，Oculus设计师Daniel James和MichaelVR社交模式还需要深入研究，如观影交谈、多人在线游戏，比如协作工作、组团作战等。

　　美国《时代》杂志称，2017年前后发达国家将进入休闲娱乐时代，"休闲娱乐在美国国民生产总值中将占有一半份额"，《时代》称，新技术的发展趋势将使数字娱乐超越传统娱乐方式。以电影业闻名全球的美国娱乐界中，第一大行业其实是数字娱乐业，2000年全球数字娱乐产业已经超过了电影，电子游戏将是21世纪最重要的娱乐产业组成。

　　最新发生的事实只能说明一件事，数字娱乐时代的大门正在打开。在我们身边，日本经济的五分之一已经由数字娱乐产业创造，韩国数字娱乐业增长率高达40%，成为最具赢利前景的一个产业。

　　为什么我们要关注数字娱乐业？因为它可能是一种全新的经济形态。过去我们讲工业经济、服务经济，但在描述数字娱乐时美国学者提出"数字娱乐产业推动着体验经济时代的到来"。所谓体验经济，就是企业以服务为舞台、商品为道具、围绕消费者创造出值得其回忆的活动。最简单的例子是主题购物中心、主题餐厅等。传统经济中这些只是配角，而在数字娱乐产业中，互动游戏、动态模拟、虚拟现实等科技体验主宰了产业的命脉。

　　为什么玩虚拟现实？它能带给我们什么？究其原因，一位玩家的话颇具代表性："虚拟现实的主要目的是想体验现实中存在的而自己又不可能做到的事，它能带给我与现实最为接近的真实感受。"模拟游戏的发展很快，模拟的各种事物也日益增多。从其发展的历史来看，其拟真度正在发生着质的飞跃，这从微软各个时期的飞行模拟游戏便能看出，而这只是较有代表性的模拟游戏中的一种。游戏拟真度的提高从某方面来讲是出于人们的心理需要，人的一生中能够接触到的事情、学到的技能毕竟还在少数，而人们往往有对于未知世界探知的欲望和好奇心。模拟游戏正好弥补了人们心中这种空白，满足了人们的好奇心和虚荣心。而游戏拟真度越高，人们对真实事物的感知就越深刻、心理上的满足感就越强，从这方面来讲，拟真游戏可以让你体验不同的人生经历和了解到自己想学而难以学到的技术和经验。

自由飞行是人类永恒的梦想，虚拟现实技术要取得市场的突破口，从虚拟飞行入手是最为合适的。因为它只要把头戴式显示器、力反馈装置与传统的遥控飞行器组合起来就可以了。从技术上讲，难度不太大，比较容易实现；另一方面，这又是最具有吸引力、爆炸力的新闻卖点，市场推广比较容易。

自由飞行是每一个人的梦想，但现实中，真实的飞行，由于技术、成本和危险性等因素，目前还不是平民大众能够接受的，而虚拟飞行旅游系统则消除了真实飞行的这些不利因素，能够让广大民众享受到自己驾驶飞行器在蓝天白云中自由翱翔的乐趣。

除此之外，环球旅行也是虚拟现实技术的重要应用之一。而世界风景主题餐厅也是一种全新的集餐饮、娱乐、虚拟旅游于一体的现代主题餐厅。它运用了目前最新的虚拟现实概念、宽带网技术和投影技术。可以做到让观众在品尝美味佳肴的同时，欣赏世界各国风光，体验异国风情，通过虚拟现实设备，与当地的人民交流，仿佛置身于世界名胜美景之中。

　　世界知名家居品牌宜家，早就把家具投影到了客厅。很多时候，我们逛宜家时都会出现这样的想法，这么一大套家具买回家，如果放着不好看怎么办？2014年的宜家目录似乎给了我们一个新选择。在这个目录中，你可以下载一套宜家的产品目录APP，然后把它调到"AR"模式，即可通过扫描图册上的宜家商标来将家具直接投影到你家的客厅上。而且这个APP的最大亮点在于，它可以根据周围的家具尺寸自动调整大小，比方说在册子旁边放上一把椅子，那么虚拟桌子就会自动调整到适合的尺寸，帮助你进行判断。

　　而哈根达斯选择了另一种做法——2分钟的音乐会。Concerto Timer是这家著名冰激凌企业推出的一款AR应用，使用方法几乎和3D小熊一模一样，就是下载这款软件，然后通过摄像头对准任意一个哈根达斯商标，这时瓶盖上就会出现一个虚拟的音乐家演奏小提琴曲，而且这款应用最大一个亮点是，如果你买一盒就会出现一个小提琴手，买两盒则会多出一位大提琴手加入演奏。实话实说，营销的确给力！

　　虚拟现实娱乐健身器，是将虚拟现实设备与现有的健身器材相结合的新型娱乐健身设备，它可以将健身与娱乐、旅游、竞技等活动结合起来，使过去枯燥的家庭个人健身运动变得新奇、有趣。比如，将自行车健身器与自行车虚拟旅游结合起来，健身运动者带上头戴式显示器，进入虚拟的旅游风景区，一边踩动自行车踏板，一边欣赏沿途的风光。又如，将虚拟拳击运动与拳击训练结合起来，可以将训练用的"沙袋"、"木桩"、"靶人"等做成虚拟环境中的对手，与运动者对打等，人们可以设计一系列的虚拟现实健身器材和家庭娱乐设备。

　　在当下，虚拟现实产品实施方案，如果要直接投入开发研制，需要较大的人力和资金，运作起来有一定的风险。纵观虚拟现实的发展历程，未来虚拟现实技术的研究仍将延续"低成本、高性能"原则，从软件、硬件两方面展开，发展方向主要归纳如下。

（1）低成本快速建模技术

虚拟环境的建立是虚拟现实技术的核心内容，动态环境建模技术的目的是获取实际环境的三维数据，并根据需要建立相应的虚拟环境模型。内容制作是虚拟现实产业界的短板，当前的内容制作成本高、周期长，对于制作人员的要求也高，限制了虚拟现实应用的发展，如何实现低成本的快速建模将是虚拟现实在产业界大规模推广的关键。

（2）实时三维图形生成和显示技术

三维图形的生成技术已比较成熟，而关键是怎样"实时生成"，在不降低图形的质量和复杂程度的基础上，如何提高刷新频率将是今后重要的研究内容。此外，虚拟现实还依赖于立体显示和传感器技术的发展，现有的虚拟设备还不能满足系统的需要，有必要开发新的三维图形生成和显示技术。

（3）新型交互设备的研制

虚拟现实技术实现人能够自由与虚拟世界对象进行交互，犹如身临其境，借助的输入输出设备主要有头戴式显示器、数据手套、数据衣服、三维位置传感器和三维声音产生器等。因此，新型、便宜、鲁棒性优良的数据手套和数据服将成为未来研究的重要方向。

（4）智能化、自然的虚拟现实建模

虚拟现实建模是一个比较繁杂的过程，需要投入大量的时间和精

力。如果将虚拟现实技术与自然交互、语音识别等技术结合起来，可以很好地解决这个问题。对模型的属性、方法和一般特点的描述通过自然交互、语音识别等技术转化成建模所需的数据，然后利用计算机的图形处理技术和人工智能技术进行设计、导航以及评价，将模型用对象表示出来，并且将各种基本模型静态或动态地连接起来，最终形成系统模型。人工智能在虚拟世界也大有用武之地，良好的人工智能系统对减少乏味的人工劳动具有非常积极的作用。

（5）分布式虚拟现实技术

分布式虚拟现实（distributed virtual environment，DVE）是今后虚拟现实技术发展的重要方向。随着众多DVE开发工具及其系统的出现，DVE本身的应用也渗透到各行各业，包括医疗、工程、训练与教学以及协同设计。仿真训练和教学训练是DVE的又一个重要的应用领域，包括虚拟战场、辅助教学等。另外，研究人员还用DVE系统来支持协同设计工作。近年来，随着互联网应用的普及，一些面向互联网的DVE应用使得位于世界各地多个用户可以进行协同工作。将分散的虚拟现实系统或仿真器通过网络联结起来，采用协调一致的结构、标准、协议和数据库，形成一个在时间和空间上互相耦合的虚拟合成环境，参与者可自由地进行交互作用。DVE在航空航天中应用价值极为明显，因为国际空间站的参与国分布在世界不同区域，分布式虚拟现实训练环境不需要在各国构建仿真系统，这样不仅减少了研制费和设备费用，而且减少了人员出差的费用以及异地生活的不适。例如微软近期发布的Holoportation远程沉浸式交互演示得到了业界的一致看好。

下面，我们再来谈谈增强现实方面的产业机会和商业模式。解读AR未来的市场潜力，并详细阐述为何AR未来的市场规模，不会比VR小。

2011年，全球AR营收仅为1.81亿美元，而且当时AR往往被人们视作一种营销噱头，一种还在摸索实用应用的技术。很少有人认识到AR的潜力，开发相关应用大多也是用来快速打响名声，或者这些应用的价值仅限于添加视频效果这样的博眼球之举而已。

然而最新预测指出，到2017年，AR市场将增长至52亿美元，年增长率竟逼近100%。随着大量资金注入AR项目及AR创业公司，尤其是随着谷歌、佳能、高通、微软等大公司的入场，我们已经看到第一批消费级AR产品的涌现。随着实际商业利益的出现，AR将成为消费、医疗、移动、汽车以及制造市场中的"下一件大事"。

市场调研公司Digi-Capital给出的一组数据很值得研究：到2020年，AR的市场规模将达到1200亿美元，远高于VR的300亿美元。

VR对于游戏与3D电影来说是一项非常棒的技术，甚至可以说这项技术可谓是专门为此而设计的。但这项技术的体验主要是在客厅、办公室或者座位上展开的，因为如果你戴着一个完全封闭的头戴式显示器走在路上，随时都可能撞到路边的东西。

虽然AR技术应用在游戏也非常有趣，但在需要真正沉浸式体验的时候，其所带来的乐趣或许不如VR技术那么多，这就像是移动游戏与主机游戏之间的差距。但是，AR技术在游戏玩家眼中的这个缺点，恰恰是让它可以同智能手机一样，在数以亿计用户的现实生活中发挥重要作用的优势。人们可以戴着它四处活动，做任何事情。

AR的软件与服务拥有可与如今的移动市场相媲美的经济效应，它

们都可以利用现有的其他产品的市场，并不断扩张它们。AR庞大的用户基础将会成为电视电影、广告等行业的主要收入来源。

换句话说，AR技术有可能触及更多的人，因为它是对人们日常生活的无缝补充，而不是像VR那样在现实世界之外营造出一个完全虚拟的世界。

《增强现实：指向增强现实的一种新技术》一书的作者格里格·基佩尔在书中写到："增强现实将具备更多的实际应用价值，因为在现实中，与真实世界中的事物互动的人更多一些。"

在AR技术的帮助下，人们通过专用头戴式显示器看见的三维全息图像可以为真实世界提供一种有益的补充。当你走过一个杂货店的走道，你也许会在眼前的虚拟屏幕上看到制作意大利饭所需的食材和配料清单。又或者，当你在阅读一本有关天文学的书籍时，你周围可能会出现一幅太阳系的图像。

但是戴上虚拟现实头戴式显示器之后，你与周遭世界的联系就被人为隔断了。你被投影到一个不同的世界中，就像恐龙冲过一片丛林，或者像站在一幢100层的摩天大楼的楼顶上俯瞰着脚下的大街一样。这跟主题乐园的游历过程有些相似，就连虚拟现实头戴式显示器戴久了会让你感到恶心或者头晕也跟你在主题乐园中呆久了的感觉很相似。

Meta是硅谷的一家AR创业公司，员工人数大约为100人。Meta CEO梅隆·格里贝茨预计，有朝一日，人们再也不用一边笨拙的在键盘上敲敲打打，一边紧盯着显示器的屏幕，人们可以在漂浮在眼前的全息图像之间随意切换和浏览，只需用手碰一碰就可以完成各种操作。当然还有虚拟键盘，人们可以利用它输入数据。

人们可以进入他们的全息影像屏幕，提取出人的解剖图，然后剔除骨骼进行研究。人们也可以通过透视去检查自己打算购买的鞋子的内部做工。到那个时候，打电话将会变成一种很奇怪的行为，因为所有人都可以在全息影像中进行对话。

格里贝茨说："VR很酷，但它只是通向增强现实的一块垫脚石。我们将开发出比Mac电脑好用一百倍且强大一百倍的产品。"

第6章

投资机会

　　虚拟现实，作为一个空间巨大的新兴高科技产业，其硬件、软件、周边衍生品、应用领域等，无不存在着巨大的产业机会和投资空间。而虚拟现实技术带动的行业产业链的全面发展，将伴随着移动互联网的不断发展，触发以浸入式模仿真实的体验将成为越来越多人的消费需求，而这将进一步滋生巨大且丰富多变的商业化空间。与此同此，国家如何借虚拟现实发展的契机，加强战略规划和顶层设计，促进行业应用，从而在标准层面完善用户体验与设备规范，保障市场的健康有序发展，将成为有效拉动信息产品消费和繁荣文化市场的新课题。

　　在了解了虚拟现实技术的伟大之处，以及它的广泛应用之后，人们会自然而然地想到产业机会和投资空间。毕竟，这样一个空间巨大的新兴高科技产业，硬件、软件、周边衍生品、相关产业、应用领域等，都是一个个巨大的机会。

　　虚拟现实技术带来了这个行业的产业链的全面发展，并且覆盖了硬软件系统、平台、开发工具、应用以及消费内容等诸多方面。随着移动互联网的不断发展，客户体验需求的不断提高，当前的平面体验已经不能完全满足用户的要求，虚拟现实技术能够以浸入式模仿真实体验来不断迎合客户体验上的需求，来尽量达到完美的效果，这说明虚拟现实技术在军用、工业之外，还具有非常巨大的商业化的空间，存在丰富的多样化发展。

　　未来，虚拟现实技术将会逐步应用到各行各业当中，与电影公司、游戏公司进行合作开发影视娱乐产品，或者开发特定行业的应用软件，都是盈利巨大的潜在应用。

　　目前，虚拟现实行业处于起步阶段，但整个市场未来增长潜力巨大。根据Digi-Capital机构的预测，至2020年，全球虚拟现实与增强现实市场规模将达到1500亿美元；而根据市场研究机构BI Intelligence的预测，到2020年，仅头戴式虚拟现实硬件市场规模，就将达到28亿美元，未来5年复合增长率超过100%。如果能在这一蓝海市场中抢占先机，未来一定能够带来超乎想象的回报。

　　但也要注意的是，虚拟技术行业迎来大爆发的时代，中国竞争优势并不明显，既有机会，也有挑战。这种多种格局的竞争，除了像暴风影音这样的热门企业之外，还有来自于国内所涌现出的诸如暴风魔镜、焰火工坊等虚拟现实创业团队的竞争，更有来自于全球各大科技巨头如Facebook、索尼、HTC等的挑战。未来虚拟现实行业将进入百花争妍、大浪淘沙的时代。

当前，虚拟现实行业，还面临诸多技术瓶颈亟待克服：硬件、图像技术、数据处理等方面的瓶颈，也使得虚拟现实的相关科技研发进一步突破变得困难重重；外部设备的成本相对较高，导致市场普及速度可能较慢；而一些价格较低的产品，则大多属于伪虚拟现实，性能和技术指标都不好，不能带给用户很好的体验。

作为一个还未成熟的产业，虚拟现实行业的产业链还比较单薄，参与厂商和内容提供商还比较少，投入力度不是太大。所以，当下可行的虚拟现实行业应用，仍然集中在视频、游戏等娱乐行业。而核心内容生产工具，技术研发基本上控制在世界几大厂商手里，由他们投入巨额资金，突破研发的科技瓶颈。

从整体趋势上说，未来将有更多不同类型的公司加入市场，包括：智能终端厂商、互联网企业、电影制作公司、视频公司以及游戏厂商等。在这其中，虚拟现实行业的行业标准将逐步形成并不断完善，行业准入门槛将不断抬高，当前仅仅依靠低劣的模仿来盈利的伪厂商将会被市场逐步淘汰，在技术领域有着核心竞争力的企业将成为市场的主流军。

同时，虚拟现实行业将更加注重内容开发，内容领域将会进一步地拓宽，除了现有的游戏、影视外，它将会与医疗、教育、旅游观光等更多的行业形成新的联动，应用也会得到极大的扩展。一旦真正的发挥了良好的社会效益，这个行业就会蓬勃发展。

就像智能手机的诞生和发展一样，随着技术的升级，移动智能设备的普及和移动互联网的进一步发展，虚拟现实技术将逐步走向成熟，

硬件生产将逐渐实现产业化、规模化。一旦重点的产品迭代形成有序，关键技术成型后，将会逐步加快发展，直至诞生出像苹果公司这样的伟大企业。

根据当前的科技发展水平，我们预测，最先发展的可能是一个初级的虚拟现实眼镜盒子，可以和智能手机性能快速提升而同步的一个小型外放设备，虽然它在虚拟现实和拟真度上不那么完全到位，但凭借移动开发环境和大量低成本的中低端游戏和影视，能够形成一定的价格优势，扩大市场，使得整体技术慢慢发展，并全面进步。

第二步，目前已经成为研发重点的，就是VR头戴式显示器，这种虚拟现实技术的外部设备，能够给予使用者非常逼真的仿真模拟，还能够虚拟出360° 三维感觉。这类设备，应当是未来市场主流设备，并由于其专业的性能和用户体验，受到用户的推崇。

头戴式显示器的发展，也会同步带来虚拟现实技术的整体发展，特别是三维图形的计算生成、空间定位和转移，人机交互等方面的迅速进步，也同样会成为企业级的主流设备，广泛应用于各大商业项目之中。

再往后，或许社会上会出现一款类似于小型汽车的虚拟现实一体机，人可以躺进去体验全方位的时空转换和各种物理性的虚拟体验，这种设备可能价格较为昂贵，但用户沉浸感较好，消费级市场形成后，未来有望成为主流。

除了硬件之外，先行一步的，可能是虚拟现实技术开发而成的游戏产品。随着虚拟现实技术的逐步提升，内容的数量和质量不断增长，目前已经有大量内容公司投入虚拟现实内容的开发制作。基于这些内容，虚拟现实设备的普及率和活跃率，将得到坚实保障。特别是成功的游戏产品，如果风靡全球的话，也将会和PS4、Xbox一样，大大带动设备的销售。

目前，中国的虚拟现实产业还处于启动期，但自2015年以来，参与到虚拟现实领域的企业大幅增加。有机构预测，2016年中国虚拟现实行业市场规模将达到56.6亿元，2020年市场规模将超过550亿元。未来，在资本的推动下，将会有越来越多的企业涉足虚拟现实领域，大量头戴眼镜盒子、头戴式显示器等VR设备将进一步向消费级市场拓展，中国虚拟现实的市场规模将逐渐迎来爆发。

2016年第一季度，Sony，Oculus和HTC Vive这三大巨头，都已经分别推出了自己的VR消费级产品，使人更加有理由认定，这就是虚拟现实时代的真正到来。国内专业机构VRdaren由此认为：虚拟现实行业将会经历长期繁荣，每年头戴式显示器全球销量应该在550万～1400万台。到2018年，虚拟现实技术行业的底层操作系统和行业标准也将逐步形成共识。在标准形成和巨头优势更加明显的情况下，虚拟现实行业会经历大洗牌，从而实现优胜劣汰的兼并和合并，诞生出真正的市场强者。

根据《国家中长期科学和技术发展规划纲要》（2006—2020年）的内容，虚拟现实技术属于前沿技术中信息技术部分三大技术之一。它是重点研究电子学、心理学、控制学、计算机图形学、数据库设计、实时分布系统和多媒体技术等多学科融合的技术，涵盖医学、娱乐、艺术与教育、军事及工业制造管理等多个相关领域的虚拟现实技术和系统。

我国从20世纪90年代起开始重视虚拟现实技术的研究和应用，由于技术和成本的限制，主要应用对象为军用和高档商用，适用于普

通消费者的产品近年来才随着芯片、显示、人机交互技术的发展，逐步进入市场。

我国虚拟现实企业主要分为两大类别。一类是成熟行业依据传统软硬件或内容优势向虚拟现实领域渗透。其中智能手机及其他硬件厂商大多从硬件布局，比如，联想与蚁视合作研发的便携式设备乐檬蚁视虚拟现实眼镜；魅族与拓视科技开展合作，推出手机虚拟现实头戴式显示器。而游戏、动漫制作厂商或视频发布平台，大多从软件和内容层面切入。2015年7月，爱奇艺宣布发布一款非商用的虚拟现实应用，目前已经和一些虚拟现实厂商做了初步适配，优酷土豆集团董事长兼CEO古永锵在首届开放生态大会上宣布将正式启动虚拟现实内容的制作。

另一类是新型虚拟现实产业公司，包括生态型平台型公司和初创型公司。该类型企业在硬件、平台、内容、生态等领域进行一系列布局，以互联网厂商为领头羊。如腾讯、暴风科技、乐视网等。其中，暴风科技和乐视网，已经凭借视频内容的概念，在资本市场掀起了阵阵热潮。

国内虚拟现实企业均在向移动端布局，其主要原因是移动端市场增速远高于PC端的市场。以游戏为例，2011 ～ 2015年国内手游市场营收每年以58%的速度增长，远高于PC端游戏每年10%的增长速度。也许你不相信，但国内号称进行虚拟现实头戴显示设备研发的厂商已经超过100家，但是大多数都是构造简单的手机架VR，远远达不到沉浸感的效果。

相比之下，国际VR巨头Oculus，Sony和HTC推出的消费级VR设备，虽然很多是手机架类的虚拟现实产品，但已经取得了较好的体验效果。以三星的Gear VR为例，Gear VR的沉浸效果是手机架VR产品的标杆，并且能够兼容三款手机，分别是三星Note 4，三星Galaxy S6和三星S6 Edge。

除了硬件之外，虚拟现实技术的平台软件和内容软件，也是一个非常庞大的产业空间和投资机会。

目前软件巨头如谷歌和微软公司，都在研发兼容虚拟现实的操作系统，但是我们估计在虚拟现实消费级产品销量达到一定数量之前，操作系统层面很难有统一的标准。在这之前，可能更多的是各大厂商或单独或组成联盟，制定一定范围内的技术标准并共享开发。

2015年，《华尔街日报》曾经报道过谷歌公司已经组建了一支数十人的工程师团队来开发虚拟现实版的Android系统，团队负责人此前曾负责过Google Cardboard的项目开发。而这个未来虚拟现实版的Android系统，也将继续沿袭Android的免费策略。

微软则是通过和主流虚拟现实设备商合作开发操作系统，让主流厂商的设备可以在Windows 10下运行。此外，微软还拿出自身的强势产品Xbox的内容资源，让主流厂商的虚拟现实设备可以在Windows 10下运行并体验。比如Oculus公司就已经宣布，未来推出的消费级产品，将全面兼容Windows 10。

当然了，也许现有的操作系统并不能很好地支持虚拟现实庞大数字计算的要求，未来出现更好、更快的系统平台的可能性还是非常大的。人类的科技，就是在颠覆中实现了向前的持续跨越。

在操作系统之外，实现虚拟现实技术的软件技术，也是目前人类孜孜以求的。毕竟，这是除了硬件之外，软件存在的最大机会。

目前，市面上较为普遍的三种虚拟现实技术商业制作软件，是

DiVision的dVS、Superscape与Sense 8的WTK（WorldToolkit）。而底层的技术支持有OpenGL或DirectX。在计算处理上，dVS与WTK提供分布式处理，加速计算；在对象的表示方面，dVS与WTK提供多层次精细度模型（LOD）之功能。

下面，我们将针对这三种商业软件做简单的介绍。

dVS提供了分布式处理的架构达成实时的3D互动效果。在高互动性的VR环境中，大量的数值计算对处理速度的影响非常大，必须加以特别处理。所以dVS利用分散处理的方式将可独立处理的工作例如绘图与音效处理等，分散于各处理器内并行计算。

任何属性，如声音、物体的位置、颜色等，在dVS中都称为基本元素（element）。而在虚拟现实的环境中，一个对象可由数个基本元素组合而成，称为高阶对象（high-level object）。在一个较复杂的场景中，任何对象皆可继承于其他对象，使其有阶层式的架构。假设，在这些对象之中有相互独立的基本元素，则在多任务处理器的工作平台上，就可平行处理。这些独立的基本元素的相关运算称为对象的实行者（actors）。在分布式系统下，甚至可经由局域网络，将实行者分配到各独立计算机中计算，因此dVS提供了一个非常高效率的虚拟现实计算环境。

dVS发展环境主要分为两大部分：dVS执行系统（run-time）和dVS发展工具（VCToolkit）。dVS执行系统包含了数个伺服单元（server unit），目的在于可将使用者的程序平行化执行，而每一个伺服单元都是经过多次实验后最佳化的。dVS发展工具为一套C语言函式库，包含物体描述、环境的建立、音效的产生以及使用者操作接口。在物体描述方面，dVS采用多层次精细度模型（LOD）描述对象，其方式可事先定义于输入文件中，或在程序中使用其动态几何应用程序接口（API）加以定义。在物体与物体/环境关系上提供碰撞侦测的能力，方式采用方形包围体（bounding box）或球形包围体（bounding sphere）作整体测试，之后再以物体阶层式架构中的子物体做个别测试。

此外，dVS可配合另一套发展工具dVISE。dVISE为架构在dVS执行系统上的接口系统，其主要目的在于帮助使用者快速建立复杂的虚拟世界，并加以模拟。其也包含了一套C语言函式库，可用于制作交互式VR环境、仿真系统及使用者自订的行为（action）。因此，VR的设计者可从标准的dVISE中加入自己的设定，快速地完成VR应用程序。

Superscape VRT，则是提供了相当完整的开发环境，包括视觉式的整合编辑环境和一辅助性的行为控制语言SCL（Superscape Control Language）。在视觉式的整合编辑环境方面，VRT提供了场景编辑器（World Editor）、对象编辑器（Shape Editor）、影像编辑器（Image Editor）、声音编辑器（Sound Editor）和架构编辑器（Layer Editor）。场景编辑器和对象编辑器提供了编辑整个3D环境和物体行为的功能。影像编辑器用来编辑材质（texture）。声音编辑器用来编辑所需要的声音效果。在设计好需要的虚拟世界后，可利用架构编辑器来设计专属的使用者接口，使其成为完整独立的虚拟现实应用系统。由于场景编辑器在行为控制部分所提供的功能并无法完全处理所有情况，所以提供SCL这种可程序化的工具来弥补其无法完成的效果。

SCL在语法上类似C语言，它可以控制物体、光源、视点在几何

上的行为如大小、颜色及动画等和事件的流程，而这部分需要有程序设计基础的人使用。这种需要程序设计者来完成虚拟现实应用系统算是目前大部分虚拟现实开发工具的共同缺点。然而虚拟环境的行为运作要用视觉编辑或是用描述语言来做，也很难考虑周详。在碰撞侦测方面，一般采用整个物体的方形包围体做测试，若使用者想要做更精准的碰撞侦测，则必须对物体中的子物体找出方形包围体做测试。

Sense 8的WTK，称为虚拟世界全景（universe），在全景中的每一个物件称为一个节点（node），一个全景可由数个节点组合而成，而一个复杂的场景可由数个全景组合而成；但WTK限制一次只能显示一个全景。WTK运作的方式采用以事件导向的排程，使用一个循环不断地去检查循环内的事件是否需要更新。为了要达到实时的效果，这个循环必须处理得很快。

在场景的绘制方面，WTK支持VRML及Open Inventor的档案格式，作为场景的建立。在场景中每一个对象皆用多边形表示，以阶层式的架构将其群组化，并且提供多层次精细度模型（LOD）绘制物体。方式为依照使用者事先定义好的一系列节点，以全景中的视点与物体的距离作为选择标准。在物体与物体/环境关系上提供碰撞侦测的能力，方式采用方形包围体作测试。

在光源与材质方面，WTK采用与OpenGL完全相同的参数设定方式，如此对跨平台的发展将非常容易。此外，WTK除了一些基本的功能如贴图、音效等之外，还提供一些其他功能，例如3D立体文字与网络联接等。WTK在网络上可跨越PC与UNIX等不同的工作平台，做异步的沟通，因此可以以分布式方法处理同一个全景。

以上所说的，是虚拟现实技术在软件平台上机会。而除了专业底层软件之外，还有很大的一块，是虚拟现实内容制作软件。

由于虚拟现实技术的目的，是强调人的完全沉浸式体验。因此内容的制作过程无论对图像渲染还是叙事手法，都有很高要求。以虚拟现实电影为例，制作难度主要体现在渲染量大和电影制作技术不成熟上。

为了制作高质量的虚拟现实影片，每一帧都需要做360°渲染，加上电影制作还处于早期阶段，制作团队自身也在摸索制作电影的基本要素和技巧，制作一部虚拟现实电影花费的时间和费用，比一般的电影高出数倍。福克斯之前为《走出荒野》打造虚拟现实体验，短短三分钟的影片就耗费了17万美元。而另一部著名的虚拟现实电影《Lost》，从其制作历时超过5个月来看，花费也一定不低。

目前，虚拟现实内容以5分钟以内的VR视频短片和VR游戏Demo为主，整体来说现在虚拟现实的内容还是比较欠缺的。但这也是中国软件行业的机会，从现在开始，研制入门的虚拟现实内容制作软件，也许就像当年的DOS系统和WPS系统，慢慢就可以发展成为软件帝国。

一般来说，做一款虚拟现实内容，需要做大量的渲染工作以达到沉浸效果，制作所耗费的时间和精力是传统内容制作的数十倍。再加上现在行业仍处于早期种子用户培养阶段，用户基数少导致内容团队无法取得盈利。基于以上两个原因，真正做出好的内容并且被大家认可的团队少之又少。

想想李安最近的电影《比利·林恩的中场战事》，作为第一部120FPS 4K分辨率的3D电影，每秒产生120张4K分辨率的画质！120FPS以及HDR 3D再加上4K的分辨率，相当于传统电影10倍的

数据量。

作为新的终端形态和产品服务，虚拟现实技术大规模普及应用仍需要解决行业共性问题。

一是亟需建立标准化顶层设计，虚拟现实技术标准化研究投入不足，关键技术环节和应用领域的标准化成果不足以支撑行业的大规模应用。

二是行业技术力量分散。虚拟现实技术经过几十年发展，各厂商依托研究基础申请了部分专利，但仍分散在各厂商自身，缺少专利合作的平台和渠道。由于专利较为分散，国内厂商的专利仍难以应付国际厂商的专利布局，对后续虚拟现实产业发展具有较大隐患。

三是市场健康发展的秩序仍未建立。部分虚拟现实产品停留在概念炒作、透支行业发展阶段，用户体验难以满足消费者需求，低质量、高重叠的产品对市场发展造成了不良影响。

虚拟现实正处于产业爆发的前夕，即将进入持续高速发展的窗口期，可以预见，在未来的半年到一年内，虚拟现实消费市场将迅速爆发，行业应用有望全面展开，文化内容将日趋繁荣，技术体系和产业格局也将初步形成，我国虚拟现实产业若不尽快布局，将再次陷入落后和追赶国外的局面。

虚拟现实的时代即将来临，既是我国信息产业发展的难得机遇，也是拉动信息产品消费和繁荣文化市场的重要契机，加强战略规划和顶层设计，在产业层面通过推进产业化来占领市场，促进行业应用，在标准层面完善用户体验与设备规范，保障市场的健康有序。为推动我国虚拟现实产业发展，建议从以下方面开展工作。

一、提前谋划布局做好顶层设计。加快制定产业发展路线图，统筹规划虚拟现实产业发展。以虚拟现实技术在工业、文化、教育、娱乐和医疗等领域带来的广阔前景为契机，建议行业主管部门明确产业政策支持的方向，顶层设计虚拟现实与各领域融合发展的路线图，为产业发展明确思路并提供政策引导，统筹相关资源，发挥虚拟现实对各行业的变革和支撑作用，从融合创新中创造各行业的发展新机遇和新活力，使各行业打破空间和时间上的制约，推动各行业发展水平的跨越式提升。

建立和完善相关标准体系，保障市场健康有序。形成我国虚拟现实技术标准体系，巩固自主技术布局占位，提高产业自主话语权。通过标准向消费者传播虚拟现实产品概念，促进信息产品消费，并排除市场上概念混淆和低质量的产品，保证行业健康发展。通过设备标准要求，对虚拟现实产品的视角、亮度、响应时间等与消费者体验息息相关的技术指标进行明确要求，保障消费者的最起码达到的体验要求，促进产品合理竞争、市场健康有序发展。

加强公民信息数据的管理，保障信息安全。面对虚拟现实产品带来数据量的爆发式增长，制定标准对包括虚拟现实设备在内的信息技术产品数据采集和使用做出明确限定。对增强现实等产品采集的数据和应用场景做出规定，建立信息数据管理体系，保证关于我国公民和产业应用的海量数据可管可控，保护我国社会公共数据安全。通过标准明确虚拟现实设备采集的视频图像的数据流向和使用范围，保护个人隐私或国家秘密不被泄露。

二、推进产业化和行业应用。通过财政专项支持虚拟现实技术产业化，引导产业做大做强。通过财政资金促进虚拟现实技术产业化，支持面向工业、文化、教育等重点行业的虚拟现实技术应用，加强与

相关"十四五"规划的协同，整合技术、产品、市场资源，做好虚拟现实创新发展的方案研究和组织实施工作，引导和加强虚拟现实产业链上下游协作，协同开展重大技术攻关和应用集成创新，将我国虚拟现实领域的研究成果尽快产业化，形成自主可控的产业链，提升我国产业地位。研究建立集技术研究、示范应用、案例展示、推广交流等功能为一体的产业公共服务平台。

支持虚拟现实领域核心技术突破，提升产业自主可控能力。围绕虚拟现实产业链的关键环节，加强产学研合作，积极引导更多的企业与科研单位投入虚拟现实研究，在共性和关键技术上开展深度合作，集中资源，并通过国家项目资金支持核心器件和开发平台等基础技术研发，产出更多的具有自主知识产权和品牌的产品与先进技术，形成较为完备的虚拟现实技术体系，提升我国骨干企业自主技术水平，避免在新一轮科技浪潮中被边缘化，沦为产业链的末端。其次，引导全社会科研人员的广泛关注，结合我国"大众创业、万众创新"战略，通过多种融资方式孵化培育一批拥有自主知识产权成果的优质成长性虚拟现实技术初创企业。支持国内企业收购海外核心技术企业，迅速弥补技术短板，健全产业生态。

加强重点领域应用示范，不断提升虚拟现实应用需求。结合我国"中国制造2025"和"互联网+"行动计划的实施，将游戏和动漫内容制作、智能可穿戴设备作为虚拟现实应用推广的突破口，支持软硬件性能提升，支持服务创新、模式创新，推动虚拟现实在游戏开发、增强体验、竞技体育、游戏娱乐等各方面的应用。在未来3～5年内，逐步推广虚拟现实应用领域，进一步推动虚拟现实技术在生活、公共安全、工业设计、医学、规划、交通和文化教育行业及领域中的应用。

支持虚拟现实创新企业认定为国家技术创新示范企业，设立产业创新中心和应用示范区，鼓励因地制宜出台配套政策，加强政策协调配合，解决产业发展及应用推广中的问题，实现行业集聚发展。

三、加强文化和品牌建设。大力发展新型文化传播方式，弘扬社会主旋律。通过虚拟现实形成的全新文化传播方式，将在影视、娱乐等文化产业，以及教学、培训等教育产业拉动巨大的消费需求。积极培育和健全虚拟空间文化市场，大力扶持健康的文化产品，倡导适合广大群众消费水平的虚拟环境下的文化娱乐活动，通过大力发展基于沉浸式收看方式的虚拟现实文化作品，使其成为中国文化的重要载体，助力中国文化向海外传播。

第 **7** 章

淘金之路

2016年，虚拟现实技术发展迎来了新纪元。游戏行业分析公司Super Data预测，到2017年底，VR头戴式显示器将卖出700万台之多，将带来88亿美元的VR硬件盈利和61亿美元的VR软件盈利。权威研究机构ABI、Trend Force、Super Data、Juniper Research、Gartner等大多数市场分析报告都认为，到2020年，全球VR设备出货量将在3000万台年以上。顶级投行高盛集团亦表示，虚拟现实和增强现实市场发展潜力巨大，2025年的出货量将达1.25亿台，可能会和PC的出现一样造成极大影响。

时至2016年年底，再来回顾，2016作为虚拟现实技术发展元年的口号，已经从预测变成现实。

在今年的2016 CES展上，国内外各大巨头均推出最新版的消费级或开发级VR设备，市场普遍预计2016年Oculus the Rift CV1、索尼Morpheus VR出货量都将是百万台级别（索尼PS游戏机在全球累计出货量超过4000万台），结合各方产品发售计划，预计2016年全球VR设备出货量将超过500万台。

目前看来，虽然各大主力厂商的2016年销售数据并未披露，但虚拟现实游戏的高峰的确是已经到来了。今年给全球留下深刻印象的"口袋捉妖"游戏，真的是一夜之间风靡世界各大洲。虽然这个游戏是基于增强现实（AR）技术平台的，但增强现实和虚拟现实本就属于同门师兄弟。相信假以时日，虚拟现实的设备能够以普通用户可以接受的价格销售之后，一定会爆发出全球热门的虚拟现实游戏。

根据游戏行业分析公司Super Data预测，到2017年年底将会卖出7000万台VR头戴式显示器，带来88亿美元的VR硬件盈利和61亿美元的VR软件盈利。根据Trend Force的最新预测，2016年VR的市场总价值会接近67亿美元。

此外，权威研究机构ABI、Trend Force、Super Data、Juniper Research、Gartner等大多数市场分析报告都认为，到2020年，全球VR设备出货量将在3000万台以上。

同样，顶级投行高盛集团发布的《虚拟现实报告》也表示，虚拟现实和增强现实市场发展潜力巨大，2025年的出货量将达1.25亿台，可能会和PC的出现一样造成极大影响。高盛集团分析认为，未来数年，虚拟现实技术和应用市场的价值，会高达800亿美元。而数据模型的最佳结果，甚至高达1820亿美元。

2016年，为什么对虚拟现实技术来说，具有历史性的作用和影响？首先，虚拟现实技术系统在这一年越发成熟。首先是Windows10、谷歌的Android系统已经能够较好地支持虚拟现实技术的软硬件平台，而索尼、三星、Oculus、Razer等公司，也都在开发虚拟现实技术的基础操作系统，用以提供较好的体验，支撑消费级应用。

其次，虚拟现实技术的核心突破已经在2016年初步实现。2016年为什么会有这么多厂商推出了可以销售的虚拟现实设备？就是因为他们感觉在技术和市场、工业设计和生产上，都已经能够具备一定的水准，这是硬件和应用在消费市场爆发的必要条件。到目前为止，全球各大主流虚拟现实技术厂商，都推出了体验不错的硬件，包括Oculus the Rift、三星Gear VR、HTC Vive和索尼PSVR等，均在2015年年底至2016上半年推出消费者版，这就直接把幻想变成了现实。

最后，虚拟现实相关的产品和内容的数量和质量，都在2016年得到质的提升。之前的几年里，虚拟现实视频内容极为短缺，影视内容以短片和UGC为主，游戏几乎全是DEMO。而目前，已经有大量内容公司投入虚拟现实内容的开发制作，2016年就有数十款精品VR游戏，若干部完整的VR电影，以及非常丰富的VR视频正式推向了市场。基于这些内容，虚拟现实设备的普及率和活跃率将得到坚实保障，并将直接引爆消费市场和应用开发者群体。

根据行业机构的预测，2016年虚拟现实设备的销售排名中，Oculus the Rift的全球销量应该是最大的，虽然评测机构们对其2016年Oculus the Rift销量超过500万台的目标保持怀疑，但是根

据多方信息，机构们认为 Oculus the Rift 至少能达到 300 万台的出货量。而整个 2016 年，各大厂商的虚拟现实技术的设备销售量，应该在 550 万～1400 万台。

相比之下，国内厂商就明显处于竞争弱势了。国内生产的虚拟现实产品，在 Oculus Rift 的冲击和 VR 内容缺乏的情况下，销量很难达到大家的预期。机构们认为，2016 年国内任何一家企业的虚拟现实技术设备的销量，都不可能超过 20 万台。

此外，机构们也认为，自 2016 年开始，虚拟现实行业将会逐渐出现统一的产业标准。由于内容企业一般会参照销量最好的硬件设备厂商，来开发自己的游戏内容和影视内容，因此 2016 年年底 Oculus 的 SDK 很有可能成为业内的标准，所有硬件和软件厂商都会向 Oculus 看齐，Oculus 公司自身和周围搭建的生态也将更难被竞争者超越。

如果对比一下我们所熟悉的苹果公司，就会发现：苹果公司的 iPhone 手机，从诞生伊始到发展成为亿万美元的庞大产业，也仅仅用了四五年时间而已。而一旦虚拟现实技术这个市场发力，其速度和潜能，也是同样可怕的。

在此基础上，2017～2018 年，虚拟现实行业或将出现大洗牌。目前 VR 硬件生产商超过 150 家，其中的绝大部分产品，都是基于简单手机架的移动 VR，它们的硬件和底层系统优化均不过关，基本毫无 VR 体验。未来，待用户体验到真正的 VR 产品后，市场将不再有这些企业的生存空间。

就国内而言，几家知名的虚拟现实技术企业的融资均已过亿，有的估值甚至超过 10 亿元。这些主流企业，拿到融资后，除了进行硬件迭代和底层算法优化，更会通过花重金收购产业链优质企业尤其是内容生产企业，从而将行业资源向自身集中并完善自身的生态圈。

但大部分其他还没有融到可观资金的创业企业，在未来的几年里会过得相当艰难，对于这些企业而言，搭建生态圈只是一个幻想。对于他们，任意环节上出现的纰漏都可能是致命的。在行业标准逐渐形成，主流VR企业的生态圈愈加完善的大背景下，我们预计将有大部分VR企业难以在未来融到下一轮资金。

从资本市场对虚拟现实技术的认可和投资来看，虽然目前VR产品的体验仍有很多局限，距离消费者理想状况还有一定的差距，但投资机构普遍重视、企业研发极其活跃，已经完成从无到有的冷启动。

数据统计表明，早在2014年年底，虚拟现实领域的风投规模已达8亿美金，这还没有包括Facebook收购Oculus的20亿美元巨额资本，市场对虚拟现实技术的关注度已然引爆。

与风投增长相对应，虚拟现实技术的产品研发和更新，也愈发加速，国外如Oculus the Rift、三星Gear VR、索尼PS VR都在VR产业链各环节均有大手笔的布局。

国内市场也如火如荼，已经出现数百家专注于VR的创业公司，大公司高度重视而且部分已经启动研发，国内VR先行者暴风科技旗下暴风魔镜已经迭代至第五代，个人VR制作设备"暴风魔眼"、"魔镜"和VR一体机等，早就在资本市场引发了炒作狂潮。

我们大概做了一个统计。2016年，国内外多家企业发布了很多款产品，可谓是VR集中爆发的一年。提供VR产品的企业有Oculus、Google、Microsoft、Sony、Samsung、HTC、日本FOVE、Avegent、3G lasses、Giroptic、乐相科技、蚁视科技、维阿科技、焰火工坊、暴风科技、乐蜗科技、雷蛇（Razer）、360公司、华为、

小米、腾讯等。

虚拟现实技术的设备性能包括四项关键指标，分别为：屏幕刷新率、屏幕分辨率、延迟和设备计算能力。领先厂商已经达标，VR技术趋于成熟。目前高通骁龙820芯片已经上市，19.3ms内的延迟已经可以达到；90Hz和2K屏幕已进入市场，可以提供基础级VR产品体验。同时，其他方面的技术如输入设备在姿态矫正、复位功能、精准度、延迟等方面持续改善；传输设备提速和无线化；更小体积下硬件的续航能力和存储容量不断提升；配套系统和中间件开发完善。

由于智能手机性能持续快速提升，移动开发环境非常成熟和活跃，加上VR眼镜低成本带来价格优势，VR眼镜将是未来几年VR头戴设备的主流形态，是最具性价比的2C市场VR设备。

当下来说，性能最好VR眼镜的是三星Gear，但其仅可与三星品牌的旗舰手机搭配使用，包括Galaxy S6、S6 Edge、S6 Edge+以及Note 5。三星Gear与相应手机一体化开发，所以高度兼容、性能卓越。

VR眼镜国内外的设备售价从不到100元人民币到3000元人民币左右，从产品售价范围来说消费者可选空间大于VR头戴式显示器。

在VR头戴式显示器中，全球性能较优的产品有三款：Oculus the Rfit、Sony PS VR和HTC Vive，其中PS VR只支持Sony的PS4游戏机。Avegant Glyph采用视网膜成像，独树一帜；乐相科技的Deepoon是国内性能最接近Oculus的产品。

值得注意的是，目前世界主流虚拟现实厂商目前都还没有推出一体机，但国内却有多家公司在2016年推出VR一体机。当然了，在关键技术指标和用户体验上，可能远远不及世界主流厂商的效果。毕竟，概念炒作，是中国厂商所擅长的手段。

因为PC的局限性、高昂的价格，VR头戴式显示器目前不是2C市场大规模普及的设备，典型代表如Oculus the Rift、Sony的Morpheus PS。VR头戴式显示器的市场售价比VR眼镜售价高很多，目前国外三大VR头戴式显示器产品售价都在600美元以上，普通的消费者承受能力有限，普及率短期内远小于VR眼镜。VR头戴式显示器在C端除了需要购买VR头戴式显示器主机设备外还需要购买相配套的体感设备、触控设备及其他操控设备，这些配套设备价钱对于普通消费者来说也是一笔不小的开支。

对于一体机来说，"轻便"与"性能"难以兼顾，电池续航能力普遍较弱，而且价格较高，这也导致一体机不会成为近期的主流产品。根据市场行情，国内公司的VR一体机的售价接近国际VR头戴式显示器主流产品的售价，也有一部分售价低于国际VR头戴式显示器主流产品售价但是远高于VR眼镜的产品。随着技术进步和元件微型化，VR一体机将在性能、便携上实现兼顾，而且以低于头戴式显示器、高于眼镜的价格赢得广泛用户。

下面，我们来大概介绍一下虚拟现实技术方面的知名公司。但像三星、HTC、微软这些公司，因为前文已经介绍多次，本章就简略而过，重点介绍一下Oculus公司。

Oculus，是一家致力于开发虚拟现实技术的创新公司。它成立于2012年，当年Oculus登陆美国众筹网站Kickstarter，总共筹资近250万美元。2013年6月，Oculus宣布完成第一轮1600万美元融资，由经纬创投领投。2013年12月，Oculus结束了第二轮融资，由Andreessen Horowitz领投，一共7500万美元。Facebook在2014年3月宣布以20亿美元的价格收购Oculus，被外界视为Facebook布

局未来虚拟现实技术产业的远大战略。

　　Oculus的核心技术在于最初做的头部跟踪技术，通过光学方案对虚拟现实的实现。Oculus一大优势是其创始人都是游戏圈知名人物，创始初期也有很多游戏圈的人加入。所以Oculus实际上是一个游戏公司，可以鼓动游戏厂商和开发者们开发专门针对Oculus的游戏。

　　Oculus可以说是拥有最大发展潜力的设备厂商。在内容上，他现在已经有了370个可以用于Oculus the Rift的虚拟现实应用，其中游戏的占比将超过3/4。并且，他们还展示出一系列普通的消费者应用，以希望吸引最大范围内的观众，这个策略与母公司Facebook的粉丝策略相得益彰。

　　此外，Oculus还同时和微软的Xbox达成协议，为自己的设备制作自己的游戏库。2014年6月，Oculus收购了为微软Xbox开发手柄和Kinect摄像头的公司Carbon Design Group。2014年7月Oculus宣布收购网络中间件系统提供商RakNet，收购后Oculus向开发者开放RakNet的C++开源类库。2014年12月，Oculus宣布收购两家虚拟现实手势和3D技术创业公司Nimble VR和13th Lab。Oculus并未披露收购交易的财务条款。此笔收购正值虚拟现实市场升温，风险投资不断涌入之际。Nimble VR总部位于旧金山，此前被外界熟悉的名称为3Gear Systems，可以通过固定在Oculus the Rift设备顶部的微小3D摄像头进行手势追踪。该公司已通过众筹平台Kickstarter以及英特尔资本、Crunch Fund等投资方融资。瑞典创业公司13th Lab也通过精密摄像头，实现多种物理环境的3D化，从而为用户提供虚拟现实体验。北欧风投公司Creandum已经对13th Lab进行了投资。2015年1月，Oculus宣布组建了一个名为Story Studio的内部实验室，以创作虚拟现实版本的电影。这是Oculus为推广其虚拟现实头戴式显示器而推出的一个重大举措，并将培育娱乐产业当中一个新兴但日渐增长的社区。该公司迄今为止主要还是开发虚拟现实版的视频游戏。2015年5月Oculus宣布收购专门从事虚拟世界与现实环境实时互动研究的公司Surreal Vision。2015年7月Oculus宣布收购以色列手势识别技术开发商Pebbles Interfaces。

此外，最近Oculus陆续从微软、Havok、Google、343 Industries等公司挖来资深的员工，包括负责Google Glass的硬件主管Adrian Wong、Havok开发者关系总监Ross O'Dwyer、曾担任光晕4高级美术总监的Kenneth Scott，以及曾经全权负责第二版Windows的微软资深员工Neil Konzen。与此同时，动作捕捉领域的"大咖"Chris Bregler也加入公司，进一步为其虚拟现实设备做完善改进及增强技术专利储备。对于现在的Oculus来说，他们既不差钱，又不差人。有传奇人物John Carmack坐镇，影响着一批人，去追逐虚拟现实的未来。

介绍完Oculus公司，我们再来看看另一个领域的情况。从目前来看，绝大多数巨头和创业公司更愿意选择在VR领域开疆拓土，但这并不意味着AR无人问津。种种迹象显示，苹果可能和微软一样，也在增强现实（AR）领域拓展，并非单独押注时下最热的虚拟现实技术（VR）。

苹果公司，已经在AR领域进行过一些并购交易。2014年年底，苹果收购了一家从事脸部视觉识别的公司——FaceShift，该公司的技术能够利用摄像头对用户脸部图像进行实时捕捉，甚至可以生成虚拟的头像。据悉，电影《星球大战：原力觉醒》的特效团队曾经使用了

上述公司的技术，让外星人的脸部形象更加逼真。

2015年5月，苹果收购了一家名为Metaio的德国AR公司。该公司主要开发基于智能手机的AR应用软件，比如其曾经开发一款让家具视觉化呈现的工具。该公司被收购之后，实体被注销，人员融入了苹果的开发团队。

此外，苹果还曾经收购了以色列的硬件公司PrimeSense，该公司主要为微软的Xbox游戏机制造Kinect动感捕捉摄像头。该公司具备了先进的手势动作识别技术。在AR领域，用户一般不会使用手持控制器，因此识别手部动作十分重要，这一技术也能够用于AR头戴式显示器中。

除了各种并购之外，苹果也储备了一些和AR有关的技术专利。这些专利并不意味着苹果一定会开发某种技术或者硬件，但是可能披露了苹果未来产品开发的某些思路。

2015年2月，苹果获得一个技术专利，主要用于让智能手机连接AR和VR头戴式显示器。专利描述文字和谷歌、微软、三星电子和Facebook近些年推出过的产品十分相似。

而微软公司，应该算是布局AR比较超前的巨头公司，其在2015年就推出了AR头戴式显示器HoloLens，开发者版已经开启预订，售价为3000美元。

我们之所以能够看到物体，是因为光线被这些物体反射，最后射入我们的眼中。而我们的大脑需要对这些光进行复杂运算，最后重现眼睛所看到物体的图像。HoloLens实际上就是欺骗大脑，将光线以全息图的方式发射到你眼睛中，就好像物体真的存在于现实世界中一样。

HoloLens可以将屏幕投射到墙上。当用户四处走动时，屏幕依然会留在原地，就好像那是一面真实存在的镜子。HoloLens可在正确角度向你的眼中发射光线，让你觉得屏幕真的出现在墙上。

HoloLens本身就是一台独立电脑，拥有自己的CPU和GPU，以及微软所谓的全息处理单元，负责支持创造全息图全部的必要计算。

在消费者方面，HoloLens拥有巨大潜力，你可能再无需购买60英寸电视，HoloLens允许用户将电视屏幕发射到墙上，屏幕大小可随意调节。如果未来版的HoloLens足够紧凑，你可以想象到有人边开车边接受导航，但司机的实现不再局限于屏幕上，而是可看到前方道路的全息图。当然，游戏可能是HoloLens的重要卖点。

在企业方面，HoloLens最明显的应用就是实现3D模型或设计的可视化。HoloLens也可被用于视频会议等场合。此外，它的另一个用途可能是支持在线零售店，允许HoloLens用户看到其产品全息图。在你购买家具前，你就可以看到家具被摆放在室内的虚拟图。

由于HoloLens运行Windows 10操作系统，通用应用将可在其上顺利运行。这些应用将被投射到用户面前，可被便捷操作。对于微软来说，吸引开发者非常重要，因为这款设备最吸引人的应用可能还未出现。尽管HoloLens的硬件设施令人印象深刻，但其依然需要好的应用为消费者和企业提供最好的服务。

谷歌公司，同样在VR领域比较活跃，如推出硬件产品Cardboard眼镜，YouTube上线360°全景视频功能，还提供Tilt Brush、Jump和Assembler等VR小应用，方便帮助开发者开发新的VR体验，但这并不意味着谷歌放弃了AR市场。

比如，谷歌和联想合作，推出Project Tango项目。该项目旨

在赋予智能手机3D绘图和创造AR体验的能力。Tango智能手机于2016年发货，相当于是一个完整功能的AR设备。

除了自身开发AR项目，谷歌还投资了AR创业公司Magic Leap。Magic Leap专注于AR技术的研发，其最终产品很可能是一款头戴式显示器，可将电脑生成的图像投射到人眼上，最终在现实图像上叠加一个虚拟图像。

Magic Leap是一家知名度很高的AR创业公司。2016年2月，Magic Leap在新一轮融资中获得7.935亿美元的投资，阿里巴巴、谷歌都参与了本轮融资。据估测，Magic Leap的估值至少达到45亿美元，这比两年前Facebook收购Oculus的价格高出了两倍。

Magic Leap研发的技术依然处于半透明状态，没有任何产品出现，我们目前只知道它主要研发方向就是将三维图像投射到人的视野中。

Magic Leap CEO鲁尼·阿伯维兹曾公开表达过自己公司的定位："你可以将我们看作是科技生物学（technobiology），我们认为它是计算机的未来。"

Magic Leap制作图像的方法与人眼的工作方式相同。Magic Leap利用弯曲的光场制作图像，而不像其他平台那样利用立体图像欺骗眼球。利用其他3D图像投影方式，如果用户闭上一只眼睛，3D图像就会消失。在现实生活中，用户即使闭上一只眼睛，依然能够看到3D图像。Magic Leap便采用这种更为实用的图像制作方式。

下面，我们介绍一下目前国内几个主流的知名虚拟现实技术公司。

暴风魔镜公司，是暴风影音公司的虚拟现实技术研发的专业公司。暴风魔镜是一款头戴式虚拟眼镜，戴上它，你可以走进虚拟世界中，左右摆头可以360°沉浸式体验游戏、旅游景区、演唱会、各类赛事等内容里的各个场景和角色，天上的飞龙，背后的山猫，迷人的山水，动感的辣妹都在你眼前。2015年4月，暴风魔镜宣布完成首轮融资，融资金额6000万元，本轮投资方为华谊兄弟、天音通讯、爱施德、松禾资本等。

　　头戴式VR设备并不是新鲜玩意，暴风魔镜的亮点在于以下三点。第一，它以可以接受的超低价格将广角、低延迟的沉浸式体验带给大众。相比索尼等其他公司动辄5000以上的价格，只要200元左右就可以买到一套魔镜III。第二，魔镜的内容比传统的偏重于游戏和影片的头戴式VR设备更加丰富。目前暴风魔镜自研的游戏有两款，极乐王国和疯狂套牛都取得了很好的评价，另外暴风游戏平台也已经有众多知名游戏公司接入很多3D游戏。内容团队都会更新很多新的内容，如旅游景区类、车展类和泳衣和内衣展类等。而由于华谊兄弟是他们的股东之一，再加上暴风影音，影片内容超丰富。第三，周边硬件设备丰富。暴风魔镜除了魔镜这主打产品外，还有很多配套的智能硬件。比如拍摄360°全景视频的魔眼，可以更好感受魔镜效果的一体机，还有增强现实设备，以及正在研发的其他智能硬件，都会使魔镜更加酷炫，内容更加丰富。

　　北京蚁视科技有限责任公司是一家专注于穿戴式设备、虚拟现实、增强现实、立体视觉领域研发的科技公司，拥有穿戴式显示及虚拟现实技术。蚁视ANTVR是一个国内创新品牌，2014年年初在国际知名众筹网站Kickstarter进行众筹，世界各地的backer纷纷对蚁视虚拟现实头戴式显示器大力支持。项目ANTVR KIT仅用40天，众筹金额便超过目标金额，达到26万余美元，刷新中国项目的海外众筹记录，成

为Kickstarter的明星项目。据公司信息披露，2014年12月蚁视公司获得红杉资本千万美元A轮投资。

公司的产品及服务是蚁视头戴式显示器和蚁视机饕。蚁视头戴式显示器（加强版），360°体感头部跟踪，3D立体超大画面，覆盖人眼100°视角，沉浸式虚拟现实体验。支持电脑、Xbox、PS，兼容现有3D游戏/3D电影，海量资源进入虚拟现实时代。而蚁视手机头戴式显示器——机饕，夹入安卓或IOS智能手机实现360°体感头部跟踪，3D立体超大画面，覆盖人眼100°视角，虚拟现实VR游戏IMAX电影体验。蚁视VR APP提供海量游戏资源和全网视频资源，可随时随地进入虚拟现实。

北京诺亦腾科技有限公司是一家在动作捕捉领域具有国际竞争力的公司。公司核心团队由多名海外留学归国人员组成，具有世界级研发能力，研究领域涉及传感器、模态识别、运动科学、有限元分析、生物力学以及虚拟现实等。通过多学科知识交叉融合，公司开发了具有国际领先水平的"基于MEMS惯性传感器的动作捕捉技术"，并在此基础上形成了一系列具有完全自主知识产权的低成本高精度动作捕捉产品。已经成功应用于动画与游戏制作、体育训练、医疗诊断、虚拟现实以及机器人等领域，并得到全球业内的高度认可。据公开信息披露诺亦腾已完成B轮2000万美元融资，本轮由奥飞动漫（002292）领投，目前估值达到2亿美元。

诺示腾提供产品及服务是腾挪PERCEPTIO——基于惯性传感器的全身动作捕捉系统，这种基于惯性传感器的动作捕捉技术是一项融合了传感器技术、无线传输、人体动力学、计算机图形学等多种学科的综合性技术，有着极高的技术门槛，世界上仅有少数几家公司能够完成，而诺亦腾则是其中的佼佼者。

深圳市经伟度科技有限公司创立于2005年，是业界领先的三维虚拟仿真科技开发及服务机构，自成立以来，经伟度科技一直专注于三维可视化技术、数字城市应用、数字媒体及展示的研究和开发。自主研发的CCVRS系统，已广泛应用于城市规划、数字城市、市政管线、国土、交通、安监、旅游、数字城管、教育机构等行业。2014年独立开发出亚洲首款沉浸式虚拟现实头戴式显示器THREE GLASSES，由分离出的深圳虚拟现实科技有限公司开发及销售。

提供产品及服务是CCVRS VR虚拟现实服务，这是一种高精度的三维仿真系统，其应用覆盖三维多功能商业领域服务（地产行业、旅游行业等）、城市设计、城市管理和城市生活等方方面面，能为三维数字城市系统的构建提供完整的解决方案。CCARS AR互动营销服务，广泛应用于展览展示、媒体杂志、广告宣传、网络营销、项目推广、产品展示推广等领域。

CCARS技术是借助于三维显示技术、交互技术、多种传感技术、计算机视觉技术以及多媒体技术把计算机生成的二维或三维的虚拟信息融合到用户所要体验的真实环境中的一种技术，其目的在于通过把计算机生成的虚拟对象与真实环境融为一体的方式来增强用户对真实环境的理解，所以CCARS系统能应用在广泛的领域。如在医疗领域，医生可以利用增强现实技术，在虚拟与现实之间轻易地进行手术部位的精确定位等。

七鑫易维，这是国内首家拥有自主知识产权的眼球追踪和眼动控制技术的科技公司。自成立以来一直专注于机器视觉和人工智能领域技术研发和创新，致力于升级和优化所有终端设备的人机交互方式和

体验，让机器读懂你的眼神。公司希望将先进的眼球追踪技术广泛应用于智能手机、虚拟现实、医疗、汽车、航空航天等领域，让人类以一种更自然的方式与机器设备完成交互。2014年公司获得了移动芯片巨头美国高通的风险投资，目前是国内眼控科技的领导者。

七鑫易维以眼控技术为核心，形成了消费级眼控仪aSee、虚拟现实眼镜PlayGlass、眼控智能眼镜aGlass、头控鼠标aMouse、全能眼看护系统AlmightyEye等产品系列。

恒数字，这家从2007年成立起即开始涉足虚拟现实业务领域，至今已有九年时间，是国内最早一批从事虚拟现实业务的高科技公司。其具有自主知识产权的虚拟现实业务产品主要包括两大部分：一是2B模式的行业应用产品，包括G-Magic虚拟现实交互系统、G-Bench虚拟工作台、DVS3D虚拟现实软件、G-Motion动作捕捉系统、虚拟现实开发服务；二是面向商业、家庭及个人娱乐的消费级产品，包括虚拟现实实感模拟赛车、FPS射击游戏和次时代仿真模拟器等。

最后，我们从国家相关政策条文中，收集整理了关于虚拟现实技术的有关项目名录，可以供读者参考。

《国家重点支持的高新技术领域》

测试支撑环境与平台技术；软件管理工具套件技术；数据挖掘与数据呈现、分析工具技术；虚拟现实（包括游戏类）的软件开发环境与工具技术；面向特定应用领域的软件生成环境与工具套件技术；模块封装、企业服务总线（ESB）、服务绑定等的工具软件技术；面向行业应用及基于相关封装技术的软件构件库技术等；具有自主知识产权的文化创意产业支撑技术。包括：终端播放技术、后台服务和运营管理平台支撑技术、内容制作技术（虚拟现实、三维重构等）、移动通信服务技术等；新一代工业机器人；服务机器人；医疗机器人；水切割机器人；激光切割机器人；AGV以及制造工厂的仓储物流设备；机器人周边设备；特种机器人；开放式机器人控制技术；虚拟现实（VR）技术；机器人伺服驱动技术；基于机器人的自动加工成套技术；信息机器人技术等。

《工业和信息化部关于印发信息化和工业化深度融合专项行动计划（2013—2018年）的通知》

增强电子信息产业支撑服务能力。加快集成电路、关键电子元器件、基础软件、新型显示、云计算、物联网等核心技术创新，突破专项行动急需的应用电子、工业控制系统、工业软件、三维图形等关键技术。围绕工业重点行业应用形成重大信息系统产业链配套能力，开展国产CPU与操作系统等关键软硬件适配技术联合攻关，提升产业链整体竞争力和安全可控发展能力。支持面向云计算、移动互联网、工业控制系统等关键领域安全技术研发与产业化，加快安全可靠通信设备、网络设备等终端产品研发与应用。

《教育部关于开展国家级虚拟仿真实验教学中心建设工作的通知》

从2013年开始到2020年，每年建设100个国家级的虚拟仿真教学中心。虚拟仿真实验教学依托虚拟现实、多媒体、人机交互、数据库和网络通讯等技术，构建高度仿真的虚拟实验环境和实验对象，学生在虚拟环境中开展实验，达到教学大纲所要求的教学效果。虚拟仿真实验教学中心建设任务是实现真实实验不具备或难以完成的教学功能。在涉及高危或极端的环境、不可及或不可逆的操作，高成本、高消耗、大型或综合训练等情况时，提供可靠、安全和经济的实验项目。

《总参谋部军训部关于推荐2014年度军事训练器材与先进技术展览参展产品及技术的通知》

为调动优势资源服务部队军事训练，提升信息化训练条件建设的质量效益，搭建军地信息交流平台，加快推动地方先进适用产品与技术在军事训练领域应用，征集模拟仿真设备器材；各类武器装备的操作模拟器，训练环境虚拟仿真系统，征集先进技术；建模与仿真技术，虚拟现实、自动化建模、仿真体系结构等先进技术成果。

《文化部关于允许内外资企业从事游戏游艺设备生产和销售的通知》

鼓励和支持企业研发、生产和销售具有自主知识产权、体现民族精神、内容健康向上的益智类、教育类、体感类、健身类游戏游艺设备。

《国务院关于加快发展现代职业教育的决定》

提高信息化水平。构建利用信息化手段扩大优质教育资源覆盖面的有效机制，推进职业教育资源跨区域、跨行业共建共享，逐步实现所有专业的优质数字教育资源全覆盖。支持与专业课程配套的虚拟仿真实训系统开发与应用。

第8章

未来发展趋势与瓶颈

　　虚拟现实，给人类描绘的是一个充满希望和可能的未来科技图景。虚拟现实的研究内容，已经涉及人工智能、计算机科学、电子学、传感器、计算机图形学、智能控制、心理学等。可以说，未来谁积累了先进的虚拟现实技术，谁就拥有先进的全面的科技水平和技术积累，谁就拥有强大的竞争力。但是，现实和理想之间，还是存在着客观的距离，尤其是在虚拟现实的应用需求越来越广泛的时候，人们对虚拟现实技术的要求也越来越高。

在本书的前面部分，我们描绘了一个充满希望的未来科技图景。但客观地说，虚拟现实的现在，和人们所期望的未来，还有非常大的差距。特别是在虚拟现实的应用需求越来越广泛的时候，对虚拟现实技术的要求也越来越高。

就像人类的其他发明如计算机、汽车、手机一样，虚拟现实技术一开始必然是笨拙的、原始的，但伴随着科技的快速发展，虚拟现实技术也将有朝一日取得突飞猛进的成果。

虽然现阶段里，虚拟现实理论与技术存在一定的不足，但不可否认其潜力是巨大的，未来人类必将持续对这项技术进行研究投入。

客观来说，中国对虚拟现实理论与技术的研究，起步很晚、时间很短，总体来说是相对滞后的。但也要看到，虚拟现实技术的发展非常迅速，尤其是在商业领域及各高校均有研究应用，在教育、医疗等关键领域也有一定应用。我国开始认识到虚拟现实理论与技术的巨大优势，而开始增大对该技术的关注和投入。

都说航空发动机是现代科技集大成者。那么虚拟现实技术，毫无疑问也是同样重要的科技核心突破点之一。虚拟现实的研究内容，涉及人工智能、计算机科学、电子学、传感器、计算机图形学、智能控制、心理学等。可以说，未来谁积累了先进的虚拟现实技术，谁应该也拥有先进的全面的科技水平和技术积累，谁就拥有强大的竞争力。

虚拟现实技术的实质，是构建一种人为的能与之进行自由交互的"世界"，在这个"世界"中参与者可以实时地探索或移动其中的对象。沉浸式虚拟现实是最理想的追求目标，实现的方式主要是戴上特制的头戴式显示器、数据手套以及身体部位跟踪器，通过听觉、触觉和视觉在虚拟场景中进行体验。可以预测短期内游戏玩家可以戴上头戴式显示器身着游戏专用衣服及手套真正体验身临其境的"虚拟现实"游戏空间，它的出现将淘汰现有的各种大型游戏，推动科技的发展。纵观虚拟现实技术的发展历程，未来研究仍将延续"低成本、高性能"原则，从软件、硬件两方面展开。

虚拟现实技术，从开始到现在已经经过了几十年的发展，并且成为21世纪科技爆发式发展的标志之一。在这大半世纪里，许多的科学研究者付出了自己毕生的心血，使得虚拟现实技术，从一开始的简单的仿真到现在涉及人的感觉，触觉等。未来，虚拟现实技术可能是朝着以下几个方面去发展。

一是新型交互设备的突破性发展。虚拟现实技术的核心，就是虚拟的交流，那么交互设备自然是核心技术。目前来说，人类围绕这个功能已经研发出了头戴式显示器、数据手套、数据衣服、三维位置传感器和三维声音产生器等智能设备。未来，这些设备存在着巨大的进步和完善空间，比如头戴式显示器的显示效果、数据精度、分辨率等；再比如传感器的数据收集和分析、云数据计算、高速移动网络等。未来，应该会出现更加智能、计算能力更加快速、人机交互能力更为强大的人机交互设备，能够把虚拟现实技术带到一个价格便宜、性能好、舒适度高的全新时代。

从某些方面来说，现在人手一部、售价最低几百元的智能手机，不也是一部带你浸入二维数字社会的虚拟现实设备？

二是三维图形的显示和生成技术。还记得曾经轰动一时的电影《阿凡达》吗？除了3D电影这个噱头之外，电影里展现的投影在空气中的三维立体图像技术，的确展现了超先进的一面。由于科学技术的发展，我们在图形生成方面的技术已经日趋完善，但是如何保证生成

的图像既能有很高的质量，又能有很高的刷新率，同时又能实现三维立体的显示效果呢？

另外，人类另一个科研方向是全息显示。未来，虚拟现实技术的图像技术和全息图像技术的结合，也许真的就能给人类创造出美丽的海市蜃楼。或者，大家所幻想的掏出手机就能创造一个360°环绕的全交互三维平台，也能够实现。

三是高速移动互联网络和虚拟现实怎么相结合的问题。这个技术范畴，对未来的大型网络分布式虚拟现实，带来了特别大的挑战。网络虚拟现实，是指多个用户在一个基于网络的计算机集合中，利用新型的人机交互设备介入计算机产生多维的、适用于用户应用的、相关的虚拟情景环境。分布式虚拟环境系统除了满足复杂虚拟环境计算的需求外，还应满足分布式仿真与协同工作等应用对共享虚拟环境的自然需求。

举一个简单例子来说，当科技完全达到了带领一个人浸入虚拟现实的能力之后，就会产生两个人同时体验虚拟现实的需求，这就产生了网络化的数据传送和同步的需求。比如说，因为留学而分割两地的情侣，通过一个虚拟平台徜徉在爱情的海洋，一个人对另一个的眼神交流，虚拟现实就得做出多少的数据计算和环境模拟呀，何况这些数据还要跨越大洋，同步的时间要求甚至达到毫秒级。

放眼未来，虚拟现实技术能够大大提升人类的综合科技水平，并且在动态环境建模技术、实时三维图形生成和显示技术、新型人机交互设备、智能化语音虚拟现实建模、分布式虚拟现实技术等方面，实现革命性的突破。

虚拟环境的建立，是虚拟现实技术的核心内容，动态环境建模技术的目的是获取实际环境的三维数据，并根据需要建立相应的虚拟环境模型。而在不降低三维图形的质量和复杂程度的基础上，如何提高刷新频率将是今后重要的研究内容。虚拟现实依赖于立体显示和传感器技术的发展，现有的虚拟设备还不能满足系统的需要，有必要开发新的三维图形生成和显示技术。

更重要的是，拟现实技术实现了人自由与虚拟世界对象进行交互，新型、便宜、鲁棒性优良的数据手套和数据服也成为未来研究的重要方向。

虚拟现实技术，对人类的科学特别是数学和工程学，都是一个大的提升。在工程计算上，虚拟现实建模是一个比较繁杂的过程，需要耗费大量的时间和精力。如果将虚拟现实技术与智能技术、语音识别技术结合起来，可以很好地解决这个问题。我们对模型的属性、方法和一般特点的描述通过语音识别技术转化成建模所需的数据，然后利用计算机的图形处理技术和人工智能技术进行设计、导航以及评价，将模型用对象表示出来，并且将各种基本模型静态或动态地连接起来，最终形成系统模型。

而人工智能一直是业界的难题，人工智能在各个领域十分有用，在虚拟世界也大有用武之地，良好的人工智能系统对减少乏味的人工劳动具有积极的作用。

分布式虚拟现实，更是今后虚拟现实技术发展的重要方向。近年来，随着互联网应用的普及，一些面向全球互联网的在线应用，使得位于世界各地多个用户可以进行协同工作。将分散的虚拟现实系统或仿真器通过网络联接起来，采用协调一致的结构、标准、协议和数据库，形成一个在时间和空间上互相耦合的虚拟现实环境，参与者可自

由地进行交互作用。特别是在航空航天中应用价值极为明显。

在人类医学对人体感官运行规律和本质没有搞清楚之前，要靠虚拟现实来模拟出现实社会，并且达到相同的人的大脑信息存储和加工，是很难的。但所幸的是，虚拟现实技术，并不需要说得那么玄乎，也许一个360°的全视角游戏，就能给人很愉悦的感觉了。

一般来说，基于当下的科技水平，我们能够说出当下的虚拟现实技术的瓶颈和缺陷之处。未来随着科技的发展，一定会遇到新的问题，但那也是后话了。

发展虚拟现实技术，首先遇到的是硬件能力的限制。想要实现一个高质量虚拟现实系统，外部设备的规格就要非常的高，还要提供很好的舒适度和精准度。这方面人类才努力走到了手势识别和语音识别的程度，未来还有很长的一段路要走。

而更具挑战性的，还是图形生成速度滞后的问题，本质是图形计算能力问题。现在的游戏，对图形的要求，已经迫使芯片产业以摩尔定律在进步，还用上了水冷技术来保持散热。未来虚拟图形不仅要实现全三维的图形输出，还要在虚拟现实的场景中随着人的动作的变化而做出相应的改变，对计算能力的要求就更高了。

最后，还是人性化问题。虚拟现实，其目的当然是虚拟出逼真的效果，最好是像做梦一样的效果。那么这就带来了巨大的交互要求。我们现在只能通过鼠标，键盘，头戴式显示器等简单的工具实现虚拟化，人就犹如机器人般，所以要增加人性化处理。

在国外的科技文献中，从学科基础和专业定义的角度，对虚拟现实技术提出了这样几个问题。

一是虚拟环境表示的准确性。为了使得虚拟环境与客观世界相一致，需要对其中种类繁多、构形复杂的信息做出准确、完备的描述。同时，还需要研究高效的建模方法，重建其演化规律以及虚拟对象之间的各种相互关系与相互作用。这是一个非常复杂的问题。人体器官是非常精密而复杂的，左眼右眼如果看的东西出现混杂，人脑就会出现眩晕。

二是虚拟环境感知信息合成的真实性。抽象的信息模型，并不能为人类所直接感知，这就需要研究虚拟环境的视觉、听觉、力觉和触觉等感知信息的合成方法，重点解决合成信息的高保真性和实时性问题，以提高沉浸感。举一个经典例子来说：人在虚拟现实里照镜子，那么他的眼睛里看到的东西，该如何表现？

三是人与虚拟环境交互的自然性。在虚拟现实技术中，合成的感知信息实时地通过界面传递给用户，用户根据感知到的信息对虚拟环境中事件和态势做出分析和判断，并以自然方式实现与虚拟环境的交互。这就需要研究基于非精确信息的多通道人机交互模式和个性化的自然交互技术等，以提高人机交互效率。

四是实时显示问题。虚拟现实技术理论上讲能够建立起高度逼真的，实时漫游的环境，但至少现在来讲还达不到这样的水平。这种技术需要强有力的硬件条件的支撑，例如速度极快的图形工作站和三维图形加速卡，但目前即使是最快的图形工作站也不能产生十分逼真，同时又是实时交互的三维立体图形。其根本原因是因为引入了用户交互，需要动态生成新的图形时，就不能达到实时要求，从而不得不降低图形的逼真度以减少处理时间，这就是所谓的景物复杂度问题。

五是图形生成问题。图形生成是虚拟现实的瓶颈，虚拟现实最重

要的特性是人可以在随意变化的交互控制下感受到场景的动态特性，换句话说，虚拟现实系统要求随着人的活动比如位置、方向的变化等，能够即时生成相应的图形画面。

六是智能技术（Artificial Intelligence，简称 AI）问题。在虚拟现实技术中，计算机是从人的各种动作，语言等变化中获得信息，要正确理解这些信息，需要借助于人机交互的智能技术来解决，如语音识别、图像识别、自然语言理解等，这些智能接口领域的研究课题是虚拟现实技术的基础，同时也是虚拟现实技术的难点。

概括地说，围绕着虚拟现实展开的研究都是围绕着这六个基本技术重点而展开的。

而在软件上，虚拟现实也存在一些技术瓶颈和急需解决的问题。

虚拟现实技术发展虽然较为迅速，但同时也依赖着其他相关技术的发展。正是限于当前科技的发展水平，虚拟现实技术的发展状况，离人们心目中追求的目标尚有较大的差距，从沉浸性、交互性等方面都需进一步改进与完善。

一是软硬件技术的局限性。从虚拟现实系统的软硬件技术上来说，除了计算机硬件的处理速度还不能满足在虚拟世界中巨大数据量处理实时性需要之外，软件运算能力和数据存储能力，也是非常关键的技术指标。一个真实的三维环境里，它的数据是极其海量的。

二是目前大多数虚拟现实软件普遍存在语言专业性较强，通用性较差，易用性差等问题。由于硬件设备的诸多局限性，使得软件开发费用也十分巨大，并且软件所能实现的效果受到时间和空间的影响较大。很多算法及许多相关理论也不成熟，如在新型传感和感知机理，几何与物理建模新方法，基于嗅觉、味觉的相关理论与技术，高性能计算，特别是高速图形图像处理，以及人工智能、心理学、社会学等方面都有许多挑战性的问题有待解决。

三是繁琐的三维建模技术有待进一步突破。给予图形的虚拟环境首先要解决的问题是三维造型。当图形渲染技术在向实现真实感大步前进的时候，生成精确三维模型的过程还是相对困难，技术有待进一步突破。即使三维激光扫描技术的进步提供了简化模型构建过程，但这些自动化模型获取方法并不能满足我们的全部需要，大部分模型仍需要高水平的专业人士人工绘制，不仅延长了制作的周期，也使得费用成本急剧攀升。

四是大数据融合处理有待进一步整合。虚拟现实要想得到很大的发展，需要与互联网进一步结合，目前虚拟现实应用的数据量非常巨大，而整体网络的速度相对较慢，而且分布不均衡，使得效果大打折扣，我们需要在虚拟现实系统中考虑数据压缩的问题，该问题不可回避，而且必将引起人们高度的重视。

综上所述，虚拟现实技术的最根本之处，在于搭建一个人类觉得无限度接近真实的环境体验。虚拟环境的可信性，就是指创建的虚拟环境需符合人的理解能力和经验，包括有物理真实感、时间真实感、行为真实感等的指标。目前来说，现阶段虚拟现实技术的主要应用在军事领域和高校科研方面较多，在教育领域、工业领域应用还远远不够，有待进一步加强。未来的发展应努力向民用方向发展，并在不同的行业发挥作用。

谈过虚拟现实技术的未来方向和现有局限的问题后。我们将重点，转移到目前非常流行的增强现实技术，并从技术方面解读当前增强现实面临的挑战，包括图像识别、定位等。

　　增强现实，虽然是建立于现实环境之上，但它的主要技术特点，是和虚拟现实技术大致相同的，也需要解决实时、三维的虚拟信息和现实信息相融合的问题。

　　不管未来增强现实技术如何发展，至少目前的手机，已经是一个非常先进、非常全面的手持式增强现实终端。毕竟手机集成了很多传感器，并且具备强大的计算能力。

　　智能手机是AR大众市场最具前景的平台。就拿智能手机来说，它的一大优势在于，定位不必单单依赖于相机传感器，也可以利用其他任意可用的传感器，如GPS，指南针，加速度计和陀螺仪。尽管其他传感器的使用在核心CV社区中往往被视为"作弊"，但这些传感器能够对开发实验室外快速、精确的定位功能做出重大贡献。即便在结合了多种传感器的帮助下，基于CV的定位仍然非常困难。

　　精准定位是增强现实亟待解决的最为重要的任务。正如上面所述，其中仍然存在着一些重大挑战，仍需针对这些挑战寻找真正切实有效的解决方案。近来平板电脑增强现实的SLAM实施证明，如果上述条件（即纹理结构清晰）达到，就能充分实现小规模环境的定位。然而，大规模环境的定位仅存在于概念研究中。相关问题似乎难以攻克，因此只能等待技术的进步了。

　　除了实现算法研究成果的精度和可扩展性这样的学术目标外，还存在着一系列严重影响增强现实体验实用性的实际问题。这些因素仅与增强现实的实际应用相关，因此在科学文献中讨论较少。这或许会造成"这些问题不难解决或者与增强现实的成功不相关"的错误认识。下面列举了一些与智能手机有关、同时也与增强现实一般用途有关的问题。

实际的硬件发展与"增强现实心愿清单"的矛盾 目前智能手机中相机及其他传感器的质量不足以满足增强现实的高要求。硬件进步——如立体相机，CPU/GPU的统一随机寻址，WiFi三角定位——能够让增强现实应用的开发者极大受益。不幸的是，在增强现实尚未成熟时，期待手机会针对增强现实优化纯属幻想。硬件配置的任何变动会增加数百万美元以上的开发成本，倘若之后无法满足市场预期，投入的钱还会更多。目前，消费者购买手机主要是为了语音通讯，游戏和网页浏览。这些市场将会驱动近期到中期的手机功能革新。我们必须说服设备厂商增强现实是手机应用的新兴市场，这样才能为增强现实争取到更先进的硬件。幸运的是，如今增强现实的关注度已经提升，因此不久的将来，手机针对增强现实的优化或将成为现实。

动态场景与增强现实真实感的矛盾 目前的增强现实应用假设场景中的一切事物都是静态的。然而，现实恰好与之相反。尤其在室外场景中，几乎所有物体都在变化：行人，光照和天气条件，甚至是建筑物每隔几年也会刷上新的颜色。定位会因此受到严重影响。

在动态场景中，大多数算法的基本假设从一开始就是错误的。比如说你正在对一个建筑立面进行增强，行人路过挡住了部分视野。由于算法缺少阻挡推理，就算增强内容的视觉效果再好，未来硬件平台的性能再强大，也会出现碍眼的错误。动态物体与虚拟内容之间交互的缺失绝对会损害增强现实应用的真实感。因此，目前研究成果中物体动态检测与跟踪技术的加入是未来实现高质量增强现实的关键。

内容创作与注册的矛盾 增强现实之所以让人兴奋，很大程度上

源于终端用户参与内容创作的发展前景。个人内容创作是促使用户积极参与而非被动观察的关键所在。然而，目前仍然没有实现这一概念的基本机制。

尽管手机的交互方法得到了极大改进，但在没有精准全局环境模型的条件下，如何使用2D界面方便、精准地注册6自由度内容，这个问题仍未得到解答。就拿增强建筑物里面的一扇窗户举例，目前的方法甚至都无法搞定简单的标记任务。尚没有在开放空间内输入任意3D位置的机制，更别说明确指出方向了。

目前决定标签的做法通常利用的是用户（不精准的）GPS位置，而不是兴趣物体本身。对于终端用户创作真实、理想的内容而言，在用户附近对任意位置进行精准注册一定要简单而精确——然而，这又是一个超出基本范畴的研究难题。

智能手机生态系统为面向大众部署增强现实的纯软件解决方案提供了一切要素。然而不应忽视的是，尽管技术和逻辑取得了种种进步，但是增强现实应用在智能手机上的大规模部署仍然存在着下列重大障碍。

一是相机质量与成像处理。智能手机通常配备的相机传感器在弱光条件下表现糟糕：图像模糊，开始出现明显色差。相机传感器硬件通常禁止低层级访问。API只提供了相机传感器的高层级访问，无法控制曝光、光圈及焦距。小型CCD传感器导致相机采样噪点增加，进而严重影响后续CV算法的发挥。图像获取过程中的质量损失很难通过后期处理步骤补偿。

二是电量消耗。电池电量近年来并没有显著提升。相机传感器在以高帧率持续运行时耗电量很大，其主要原因是目前手机的设计用途仍然是拍照，而不是摄影。另外，传感器和网络接口也是耗电大户。运行功能强大的AR应用会让电池迅速耗干。因此，AR应用必须只能设计成供短时间使用，而不是一种"常开"功能。

三是网络依赖性。远程访问大量数据受到几个因素的影响。首先，网络延迟会导致令人不爽的延迟，拖累增强现实应用的瞬时表现。其次，访问远程数据仅在开了流量套餐时才有可能做到，而流量套餐可能过于昂贵或者无法开通。最后，某些地区的网络覆盖可能不满足条件。于是完全独立的增强现实应用成为唯一的可行选择，这就意味着需要在设备上占用大量的存储空间。

四是可视化与交互的可能性。智能手机的外形因素在购买决策中发挥着重要作用。实际上，可接受最大设备的尺寸严格制约了显示屏的大小。交互技术同样存在着类似的限制。多点触控界面或许是最为先进的交互机制，但它在某些特定任务——如像素级的选取上表现糟糕。

理论上讲，针对增强现实改进未来智能手机需从哪些方面入手已是众所周知。在实践中，增强现实应用的开发者却要看硬件厂商和服务供应商的脸色，后者做出硬件发展决策的依据是市场预测，而其中可能不含对增强现实的需求。不过，硬件总体是朝着正确的方向发展的，尤其在移动游戏或移动导航系统的驱动下——而这两者与增强现实在技术需求方面存在许多共通之处。此外，研究人员意识到目前相机控制方面存在限制，更好的相机API也会因此诞生，比如Frankencamera项目。

尽管平板电脑作为一种流行移动平台也在不断壮大，但它属于放大版的智能手机平台。由于尺寸放大，可视化与交互的限制有了些许

放松，但这些设备的尺寸和重量同时也制约着它们在增强现实领域的应用，原因是拿起来更加累人（比如说，把设备举起来较长时间可能需要两只手，反过来制约了交互的可能性）。除此之外，目前的平板电脑存在着与智能手机相同的问题。对于不同增强现实应用而言，智能手机和平板电脑可能前者更适合，也可能后者更适合。